只为成功找方法

我是站在你这边的HR

周云杉◎著

知识产权出版社

全国百佳图书出版单位

图书在版编目（CIP）数据

只为成功找方法：我是站在你这边的 HR /周云杉著. —北京：知识产权出版社，2014.12

ISBN 978 - 7 - 5130 - 3050 - 2

Ⅰ. ①只… Ⅱ. ①周… Ⅲ. ①成功心理 - 通俗读物

Ⅳ. ①B848. 4 - 49

中国版本图书馆 CIP 数据核字（2014）第 229456 号

责任编辑：卢媛媛

内容提要

本书由资深 HR 撰写，从职业规划、求职实践、职业调整三个关键点着手，全面揭示"职场那些事儿"，犀利地指出职场每个时期应该做什么、怎么做；不该做什么、怎么补救；为你的职场考试"划重点"，让你轻松把握职场难点，迅速晋级，升职加薪，成为职场达人。

只为成功找方法

——我是站在你这边的 HR

ZHI WEI CHENG GONG ZHAO FANG FA

—— WO SHI ZHAN ZAI NI ZHE BIAN DE HR

周云杉 著

出版发行：知识产权出版社有限责任公司	网　址：http://www.ipph.cn
电　话：010 - 82004826	http://www.laichushu.com
社　址：北京市海淀区马甸南村 1 号	邮　编：100088
责编电话：010 - 82000860 转 8597	责编邮箱：31964590@ qq. com
发行电话：010 - 82000860 转 8101/8029	发行传真：010 - 82000893/82003279
印　刷：三河市国英印务有限公司	经　销：各大网上书店、新华书店及相关专业书店
开　本：720mm×1000mm　1/16	印　张：12. 5
版　次：2014 年 12 月第 1 版	印　次：2014 年 12 月第 1 次印刷
字　数：180 千字	定　价：32. 8 元

ISBN 978 - 7 - 5130 - 3050 - 2

2013 年 6 月，在结束了十多天的雾霾之后，北京终于迎来了久违的蓝天白云。就在这样一个阳光明媚的下午，我接到了猎头公司顾问 Eric 打来的电话，他非常兴奋地说："Jerry，我今天又成功了一个职位！候选人董小姐，经过了十多次的面试，终于被欧时力公司录用了！"候选人，是猎头公司人才库中储备的人选，他们大多有了一定的工作经验，是企业的目标岗位人才。候选人能进入心仪的公司，不管对他们自己，还是对企业来说，都是一件值得庆贺的双赢事件。

听到这个消息，我真是无限感慨。

一是为了董小姐。她是我的高中同学，通过我的介绍认识了猎头公司顾问 Eric。董小姐是个执著的候选人，她一心要进欧时力公司，几乎面试了这个公司所有的事业部门，每次都很遗憾地在最后一轮面试被毙掉。这次她终于如愿以偿，获得了一个品牌区域经理的岗位。她前前后后经历了几十轮面试，其中最夸张的一次面试是，欧时力公司曾经把一个面试安排在了凌晨 1 点，整个面试一直持续到了凌晨 3 点，这是我所知道的面试史上最考验人的面试！

二是为了 Eric。回想起来，认识他已经有两年多了。现在的他专业而自信，与职位候选人交流沟通的时候侃侃而谈，神采飞扬，但谁能想到，两年前他是一个没有大学文凭、只在电视台做过艺人助理、到处打临时工的"小朋友"。刚见到他时，他是一个说话怯生生的、缺少逻辑和条理、只认识简单英文字母的"菜鸟"。当时他的姐姐带他找到我,希望我帮他找个工作,我看中了他的聪明好学和有强烈的成功欲望,就介绍他进入了猎头这个行业。两年多来,他抓住每个学习的机会,积极向周围的同事请教,晚上还自费去学习英文,目标明确地努力着,现在终于成为能够和HR密切沟通,能帮候选人出谋划策,能熟练进行职业咨询的猎头公司助理顾问了。

其实,在我过往十多年的人力资源生涯中,遇到的这样成功的候选人不胜枚举!一个同事说,你见识过那么多的候选人,面试过那么多人,为什么不把有意思的故事记录下来,帮助那些初入职场的"菜鸟"和那些有职业困惑的职场人士,也能帮助更多人实现自己的职业理想呢?

确实,我这十五年来一直从事人力资源的工作,中间做了几年猎头,天南海北地结识了很多候选人朋友,一直到现在还和不少朋友都保持着很好的联系。这份工作让我特别有成就感,因为我能真实地看到,通过我的牵线搭桥,优劣势的客观分析,以及面试辅导和后期跟进,这些候选人实现了职业生涯的飞跃,找到了更好的发展平台,事业更加成功,随之他们的生活也发生了很大的变化。我甚至看到好几个候选人在找到合适的工作后,连气质都发生了很大的变化。这些一直都让我深深感叹,好的职业选择对人的生活竟能有如此大的影响!

我也在思考,如何通过自己的工作,让更多人有更好的职业发展。

谈到职业发展,可能很多人——尤其是刚出校门的应届生,都会觉得很简单:我只要做好简历,找到在招聘的职位,通过笔试、面试,进入一个好的工作单位,就能有好的职业发展了啊!其实不然。在我自己的人力资源工作生涯中,不管是我自身的发展路径,还是周围的各种职业发展案例,都并不简单。经过研究总结,我发现,一个健康向上的职业发展路径可以概括为以下的职业发展路径图:

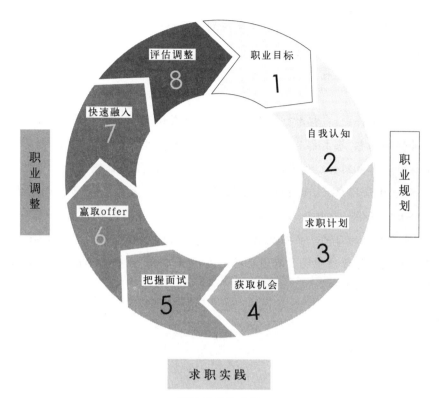

职业发展路径图

职业发展路径包括三个环节，即：职业规划、求职实践和职业调整。

职业规划是这个路径的起始点，它包括设定清晰的职业目标；结合职业目标，进行自我认知；通过自我认知，明确优缺点，拟定现实的求职计划。

规划好职业路径后，职业生涯发展就进入了求职实践环节：写简历，投简历，获取各种工作面试机会；通过自信专业的形象和真诚的沟通把握住每个面试机会；不卑不亢地赢取 offer，为自己谈个好价钱！

到这个环节，可能很多人就觉得职业发展到此就结束了，其实不然！职业发展路径还有个更关键的环节——职业调整。进入理想的工作平台后，如何快速融入、评估调整、先生存再发展、离自己的职业目标越来越近……这也是门学问！

当达到阶段性的目标之后，再设定新的职业发展目标，重新审视自己的发展现状，继续想办法进行实践。如此规划—实践—调整，周而复始，直到实现自己最终的职业目标。

这，才叫职业发展。

在日常工作中，我接触到很多有职场困惑或遇到职业发展瓶颈的朋友，他们的苦恼和困惑，基本都是因为缺失了职业发展模型中的某个环节，或是其中一个环节没有做到位。但愿所有有缘读到这本书的朋友都能找出阻碍自身发展的盲点，消除困惑，认清自我，设定切实可行的行动方案，一步步走向成功。

给大家提供一些建议和工具，让大家都能规划并走好属于自己的职业生涯，正是这本书的目的。希望此书中一些浅显的道理和生动的职场案例，能像和煦的春风一样帮助职场上有困惑的朋友吹开雾霾，让努力和汗水得到回报，迎来自己事业的辉煌！

起步篇

不懂规划,何谈成功?

奋斗篇

仰望目标,踏实积累

晋级篇

职场修炼，EQ/IQ 双提升

看完这书，

再去工作

起步篇
不懂规划，
何谈成功？

谈到职业规划，我脑海中浮现了两个经常被候选人问到的问题：

"Jerry，你觉得我应该跳槽吗？"

"Jerry，你觉得我应该去××公司吗？"

如果碰到这两个问题，我通常会对候选人说："在回答你的问题前，你能否和我分享一下你的长期职业规划？"

那么，什么是"职业规划"？

职业规划，又被称为"职业生涯规划"，也叫"职业生涯设计"，是指个人根据自己所处的主客观条件，通过对自己的兴趣、爱好、能力、特点的分析，结合时代的特点，确定自己最佳的职业奋斗目标，并为实现这个目标而采取相应的行动措施！

简单来说，职业规划就是明确自己的专长和不足，知道自己的兴趣所在，找对合适的行业和岗位，实现自己内心的满足和成就。

这，就是成功的职业规划！

如果你还没有给自己做过职业规划，现在开始也为时不晚。正如在职业发展路径图中介绍的，职业生涯的规划由三步组成：

第一步：设定职业目标；

第二步：进行自我认知；

第三步：制订职业发展计划。

一 | 迷茫,是因为
没有规划!

A. 三个小故事,告诉你"目标"有多重要

我的好朋友 Fabio,曾就职于一家美国知名的医疗器械集团——强生医疗任地区经理,他在这个岗位上已经工作了五年。在此之前,他在其他几个不同的知名药品公司积累了十一年丰富的销售经验。在这个岗位上他带领着一支六个人的团队,创造了不少辉煌,诸如:连续四年获得公司最佳团队增长奖,本人也多次获得最佳销售经理奖。如此好的业绩,加上有着知名公司重点区域的地区经理的背景,他在行业内有了很好的声望,于是经常接到猎头的邀约。

面对各种各样诱惑的机会,他时而兴奋激动,时而彷徨犹豫。是否要跳槽?如果跳的话,该选择什么样的公司,什么样的职位?这样的问题让他纠结不已。

于是他找到了我,在听完他的烦恼之后,我问了第一个问题:"你自己的长久职业规划是什么?"

"我的长久职业规划是……"

Fabio 陷入了沉思,一分钟后,他摇了摇头,说:"这个问题,我还真没有认真考虑过。我未来想做的职业很多,市场、销售、培训这些领域我都感兴趣,你认为哪个更适合我呢?"

　　"好，让我们先记下来。在我给你建议前，你先得做个测试。"

　　我使用 VCP 这个专业的测评工具对 Fabio 进行了测评。（VCP 是近年在国际上风行的测试候选人职业价值观和职业能力的专业工具，我会在后面书中详细给大家介绍。）

　　测试的结果，Fabio 的职业价值观是：他希望能在一个非常自由的、没有条条框框并尊重员工、彼此友好、非常宽容的环境下，按照自己的计划工作，并能长期稳定地工作下去。

　　在这个价值观的指导下，我们重新分析和回顾了 Fabio 的职业目标，经过仔细探讨，挖掘出 Fabio 未来的职业目标是：做一个专业的、自由的培训师。

　　确定了这个目标后，我同样还是使用 VCP 这个专业测评工具对 Fabio 进行了职业技能测评。接着，对照前面的测试结果——职业价值观和职业能力，我们回顾 Fabio 过往的从业经历中他自己认为最成功的事情，又挖掘在过往的绩效评估中他的上级给他的评估，对这些价值观和职业能力一一进行验证。然后把他的测试结果和自由培训师要求的技能进行了比对，发现他具备了部分作为自由培训师的技能，例如很不错的表达能力，有一定的感染力等，但在敏感度、创意、影响力等方面还需要进一步加强，而他在市场方面的工作经验可以弥补这方面的缺憾。

　　再结合 Fabio 现在的工作和生活情况：一是销售工作做得太久，他自己觉得慢慢缺少了工作激情；二是现在的销售工作虽然薪酬不错，但需要经常应酬喝酒，让他的父母和妻子总是抱怨他陪家人的时间太少。因此，Fabio 希望能换一份兼顾事业和生活的工作。市场部的工作相对应酬较少，这刚好能满足他家人的要求，同时市场部的工作也可以开阔 Fabio 的视野，训练他用市场的眼光去更加战略地看问题。

　　经过这样的分析，Fabio 明确了再面对新的机会时的应对策略：

　　第一，可以过滤掉所有销售类的机会，近五年内只考虑与市场相关的工作机会。

第二,在市场部工作的选择中,优先考虑中小型公司的工作机会。这是因为 Fabio 完全没有市场部的工作经验,如果一下子跳到大型的公司去做市场部的工作,难度会比较大。相对来说,在中小型公司能接触到的面会更广,锻炼会更全面,也更容易在公司内部申请转型,这样,他对产品、人员、流程、文化都能很快熟悉,挑战会相对小很多,转型也会更容易成功。同时,规模相对较小的公司也更符合 Fabio 理想的职业价值观的环境——更加自由、友好和宽容,这也能让他工作得更舒心。

有了这样明确的职业规划和定位后,Fabio 很快抓住了在公司内部的一个机会,申请转型做了产品经理;两年后,Fabio 抓住了另外一个机会,去了一家行业内口碑还不错的公司做市场部经理。虽然新公司的规模和他之前的公司相比要小些,但是他接触的知识和管理的事务都更加全面,应酬也少了许多,有更多时间陪家人和进行自我提升。前段时间,我遇到 Fabio,他高兴地告诉我,在全面地进行公司的市场管理工作的同时,他还报名加入了公司的内训师培养计划,正在不断学习和积累,状态相当不错呢!

Fabio 是幸运的,因为外界环境逼着他思考和规划了自己的职业生涯;

Fabio 是幸运的,因为他的思考和领悟发生在他职业生涯的初期而不是更晚的时候;

Fabio 是幸运的,因为尽管他之前从未做过职业规划,没有明确的目标,但却幸运地积累了未来工作需要的能力和经验,并且进入了一个很好的平台。

但不是所有的人都可以这么幸运。现在的竞争越来越激烈,如果没有目标,没有计划,你终究只会成为"工作机器",在漫长的时间里浑浑噩噩地不知道为什么而工作。所以,如果你想把握自己的职业生涯,那么请立即停下手中的工作,做好自己的职业生涯规划,不要让自己的思路被眼前的所谓紧急的事情牵绊。明确自己的职业目标,明确自己的优势,明确自己的差距，然后再上路前行——这比什么都重要！

对于初入职场的大学生，职业规划同样重要。

我辅导过两个大学生 Shirley 和 Alex，他们就因为人生目标不同，虽然专业一样，但却走上了不同的发展路径。

Shirley 是国内知名院校的金融专业高才生，在大学期间读了吴士宏的自传，从此，成为像吴士宏那样的职场女强人就成了她的目标。她相信一个好的公司、一个高的起步能让她加速实现自己的梦想。于是，她暗暗下了决心，到毕业找工作时非四大会计师事务所不进。不幸的是，在她毕业的那年，因为家里的突发事件导致她错过了四大会计师事务所的校园招聘，也错过了找工作的最好时机。无奈之下，她选择了一家规模很小的民营会计师事务所。

聪明好学、英文也非常好的 Shirley，在这样规模的事务所中自然备受重视，有很多锻炼的机会。一年之后，Shirley 觉得自己已经掌握了很多技能，可以独立工作了。想到同学都在"四大"，一个个外表光鲜亮丽，薪酬也高，而她所在的小公司，工资福利相比"四大"都有很大差距，也没有"四大"那样完善正规的培训系统。于是她通过朋友辗转找到了我，希望听听我的建议，是否需要跳槽。

对话依旧是从长远目标开始，经过仔细分析，我们共同弄清楚了两件事情：

第一，Shirley 的长远目标不是简单的职业经理人，而是职场金领或者女企业家；

第二，Shirley 想要去"四大"，只是认为"四大"有完善正规的培训系统，是走向自己理想的正确路径。

我同样也使用了 VCP 专业测评工具，了解了 Shirley 的价值观和职业能力。我们一起分析了要实现她的目标所需要提高和锻炼的技能，所需要积攒的经验，以及需要补充的知识。然后我们达成的共识是：这些技能、经验和知识并不只是在"四大"才能学到。

经过仔细讨论之后，我们一起确立了如下的发展计划：

第一，继续留在目前的单位工作，至少再工作两年，积累相关的专业技能和实战经验；

第二，主动与各个领导沟通，在他们的帮助下制订技能发展目标和计划；

第三，用业余时间攻读工商管理研究生。

三年过去了，在一次会议上我与 Shirley 不期而遇。她剪去了马尾辫，留起了干练的短发，一身合体的西装，彰显着职业女性的成熟和优雅。问起她的近况，Shirley 说刚开始时是按照我的建议先踏踏实实再做两年看看，做着做着就发现越来越喜欢这家公司，发现公司的合伙人有很多可以学习的地方，公司也有很多机会可以锻炼自己的能力，于是一直在那儿工作到现在。她说目前自己已经独立带团队，独立接案子了，而且攻读的在职研究生明年就可以毕业了。她也谈起她那些在"四大"的老同学，有很多人还在做团队成员，几乎还没有一个人能像她一样可以独当一面呢。她的语气中透露出一点小得意。再谈她的职业目标，她说一直没有变，还是想当吴士宏那样的职场女强人，但她个人认为目前的工作环境和岗位将是帮她实现目标的最佳途径。

从 Shirley 的故事中，我想要和各位分享的是，做职业规划不是简单的跳槽，做猎头也不是鼓励候选人跳来跳去——尽管有些不专业的猎头确实在这样做。做职业规划，应该是帮助你找到合适的路径，让你能顺利、快捷、成功地实现职业目标，从而过上积极、充实而富足的生活！

接下来这个案例的主人公叫 Alex。

Alex 是一个含着金钥匙出生的富二代，家族生意规模很是可观。他是家里的独子，从出生就注定了未来要执掌家族企业。但Alex不想一毕业就回到家族企业中，一方面他不希望让别人认为他是不学无术的公子哥儿，另一方面他也想要看看外面的世界，试试自己的才干，锻炼锻炼自己的能力。

基于他有明确的目标，也有专业基础（财务管理），我们帮他制订了三年的成长计划，重点放在了积累销售（人生无处不销售，销售是基础，是锻炼沟通能力最好的职业）、运营管理和团队管理的经验。

于是，Alex开始了他职业发展的第一步——在一个品牌的服装店做起了导购。与电视媒体上炒作宣传的好吃懒做、好逸恶劳的富二代不同，Alex聪明踏实，勤奋好学，具有细致的观察力，而且乐于主动积极的沟通，遇到问题会向老员工虚心请教。很快，他在第二季度的销售业绩就攀升到第一名。接下来的第三季度、第四季度，他都稳稳地占据着第一名的宝座。一年后，因为他的出色表现，被破格提升为见习店长。在这个职位上他接触到了陈列管理、库存管理以及团队管理等更全面的运作经验。又积累了一年的经验之后，他成功跳槽到一家连锁零售店做基础运营管理，在这里他学习到了零售甲方的基础运作知识。在外面闯荡了三年，也积累了三年的工作经验、与人沟通的技巧以及一些基础的管理理论和技能之后，他满怀信心地打道回府，开始了自己的"接班"计划。

以上这几个朋友的共同点就是，自己的目标非常明确！Fabio想要做行业内资深的培训师；Shirley想走职业化的路线，成为职场女强人；Alex想要成为一个优秀的家族企业接班人。

为了实现自己的目标，他们会选择不同的方式：Fabio转行，为做资深培训师积累相关的知识和能力；Shirley选择在一个稳定的环境中做精、做专；Alex则不断尝试新的领域和新的岗位，学习更全面的知识。

9

所以,把握自己职业生涯的第一个技巧就是:要树立明确的职业目标!

美国潜能大师伯恩·崔西说:成功就等于目标,其他的一切都是这句话的注解!

不要轻视了职业规划,不要小看了职业目标的重要性。我们所处的社会环境已经在发生很大的变化,看看现在的就业现状我们会更清晰。

现状1

据教育部统计,随着大学扩招的广泛开展,中国大学毕业生人数正以每年近百万的数量高速增长。2001年中国大学毕业生人数为115万人,2005年已增至338万人,2006年达到413万人,2007年达到495万人,2009年有610万应届高校毕业生需要就业,2014年高校毕业生达到了727万人。加上往年尚未就业的大学生,超过700万毕业生需要解决就业问题,而蔓延全球的金融危机和国内产业结构调整使中国大学生遭遇了更为严峻的就业压力。

毕业生人数每年的大量增加造成人才市场供过于求的状况,大学生就业难成为一个不可忽视的社会问题,整体就业形势不容乐观。

现状2

"一个35岁的典型职场人士在他以往的职业生涯中平均会有7次工作变动,在其未来20年的职业生涯中,将有3次职业转换。"

现状3

1998年,中国人一生平均换2.3份工作;到了2007年,高职位的年轻职业者平均一年多就换一份工作。我身边负责招聘的几个朋友都在和我吐槽,说发现人才市场上总监级别的候选人也开始一份工作只做一年半或两年就跳槽了。

从以上数据我们可以看到，随着社会的变化，职业的转换——跳槽、换工作对我们来说已经变得越来越平常。可是，我们是否把握好了每个机会？是否每次跳槽都能帮助自己拉近与理想的距离？还是越走越远，抑或是只是在原地转圈？

在过去十多年的人力资源工作中，我接触过很多候选人，见证了不少从职场"菜鸟"成长为职场精英的例子，也见识到很多发展不顺利、一直在纠结彷徨甚至很失败的候选人，但这些人身上并不缺乏能力、学识和潜力。这些人的职业生涯为何如此不顺？一方面是由于职业生涯本身的局限性，另一方面，也是更重要的，我观察到他们和职业发展很顺利很成功的候选人最大的区别在于：成功的候选人都有很认真、很完善的职业规划，他们很清楚自己的目标、需求、优劣势；相反，职业发展不顺利的候选人则普遍缺乏甚至没有职业规划。由此可见，职业规划是把握自己职业生涯的第一步，也是最关键的一步。

当明确了自己的长期目标和短期目标之后，最好把目标写下来，或用生动的图形画下来，贴在醒目的地方，随时随地提醒自己要朝这个目标努力。当工作中遇到挫折的时候，看一看自己的职业规划目标，相信你一定会重新充满斗志，充满力量！

所以，请各位还在被琐事缠身，还在低头走路，还在继续帮别人完成梦想的朋友，放下手中的笔，关上桌上的电脑，给自己十分钟——就十分钟，仔细想想自己每天这么忙是为了什么，自己的职业目标又是什么？

B. 确立专属职业目标的方法

从前面的案例中，我们了解到目标对于把握自己的职业生涯至关重要，那职业目标具体该如何确立呢？其实从 Fabio 的故事我们可以看出，设定一个职业目标主要有以下几个参考因素。

(1)是否是自己的兴趣所在?

(2)是否能发挥自己的专长?

(3)自己是否能从中得到很大的满足感?

设定目标的方法有很多,在这里,我想和大家分享的是金字塔目标设立法。在介绍具体方法之前,我想先和大家分享一个小故事,故事的名字叫《如何募集700万美元》。

美国有一位名叫罗伯特·舒勒的博士,他身无分文,却计划要在加利福尼亚州建造一座水晶大教堂,而建造这样的教堂,预算高达700万美元。

舒勒博士这样写下自己的奇特计划:

寻找1笔700万美元的捐款;

寻找7笔100万美元的捐款;

寻找14笔50万美元的捐款;

寻找70笔10万美元的捐款;

寻找140笔5万美元的捐款;

寻找280笔2.5万美元的捐款;

寻找700笔1万美元的捐款……

就这样,历时12年后,一座造价2000万美元、可容纳1万多人的水晶教堂竣工了。这就是美国加利福尼亚洲的佳登格勒佛水晶大教堂。

这个故事给我们的启示是:一些看似很难实现的大目标被分割成无数个小目标后,实现起来就不那么难了。每天实现一个目标,日积月累,就会收获人生的大成功。

我给大家介绍的设定职业生涯目标的方法就基于这样的原理。

正如下图所示,我们在设定目标时应该由远及近,首先想清楚自己的终极目标是什么,如果要达到这个目标,那长期的目标应该是怎样的;如果要达到长期目标,那中期应该达到什么样的目标;如果要达到中期的目标,那短期应该达到什么样的目标。

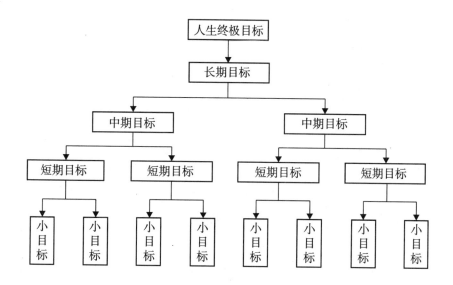

职场扫盲:用"SMART"原则设定你的目标

当然,在设定目标时还有一个非常重要的原则,那就是目标一定要"SMART"。所谓的"SMART"就是下面五个单词的首字母:

❋ Specific——具体的,而且科学的;

❋ Measurable——可衡量的,尽量量化和可描述的;

❋ Achievable——可达成的,起到激励作用的;

❋ Relevant——相互关联的;

❋ Time－bound——有时间限制的。

"SMART"原则能帮助你把目标设定得更科学,更容易执行。

接下来的几个例子可以帮助大家更清晰地理解"SMART"原则。

例1：
我要减肥。（不符合"SMART"原则的目标。什么时间？怎么算达到目标了？）
我要在半年内减重10公斤。（相比前面的目标，是不是容易衡量了？因为目标更具体了。）

例2：
我要做经理。（没有时间限度，没有对"经理"这一职位清晰的认识。）
我要在五年内做到大区销售经理，带领超过10人的团队。（目标清晰具体，符合"SMART"原则。）

读到这里，我建议读者朋友，立刻停下来检查一下自己的目标是否符合"SMART"原则，如果不符合就赶紧调整一下。

当然，职业目标其实也不是一成不变的，它会随着环境的变化而改变，也会随着自己的人生观、价值观的成长日趋成熟。所以有时候，有些很年轻的朋友会很苦恼：我一点工作经验也没有，对进入哪个行业、选哪个职位完全没有概念，怎么能设定出适合自己的职业目标？更别提对未来的职业规划了。没关系，我的建议是：如果你完全不了解自己的兴趣和专长，不知道选择哪个行业，那先看看自己有什么资源，多听听家人、朋友、老师的建议，先就业，再择业。在工作中慢慢积累经验，发现兴趣。换句话说，就是先设定近一点的目标，在追求实现短期目标的过程中，再慢慢地去思考自己的长期目标。

其实，我自己就是这样成长的。

我考大学的时候，因为家里出了一个很大的变故，于是就稀里糊涂随便选了一个专业，然后也是糊里糊涂地就毕业了。找工作的时候也没有什么方向，销售、播音员、企划、助理……无论什么岗位，只要是在招聘，我能投简历的都投了。那时候只有一个信念——全面撒网重点捕鱼，结果大部分简历都像石沉大海，没有了音讯。

在很多年后的今天，我阅过无数简历后发现，当初的没有回音都很正常，因为那时候的我根本不懂得如何用简历抓住面试官的眼球，获得面试机会。关于这个技巧我会在后面的章节中给大家介绍。

幸运的是，后来经亲戚介绍，我进入一家外企，开始接触到人力资源的工作。我从最简单的工作入手，比如管理合同，办理员工入/离职，参加招聘会，收简历，然后慢慢有机会接触和参与到越来越深的人力资源相关工作，包括测评工具的选择，员工活动的组织策划，劳动纠纷的处理等。在这个过程中，我越来越被这个工作所吸引。一方面是因为这个工作博大精深，有很多很多的职能，可以锻炼自己很多的能力，如综合协调能力，因为这个工作既有严格的一面，需要坚持原则，遵守法律和制度，又有很软很柔很有技巧的一面，如和员工谈心，探求员工需求，解决思想问题等；另一方面，人力资源的就业面很广，不受行业限制，因为每个行业都需要人力资源，未来的就业面会很广阔。于是，我暗暗地把我的长期职业生涯目标锁定在人力资源上。当然那时候还不是很清晰，也没有想到如果要把它当作长期目标的话，我中期、近期应该做到哪一步，只是告诉自己要踏实努力地工作和学习。就这样，这份工作我做了四年，然后公司给了我一个机会，让我到北京工作一段时间，协助筹备分公司。正是这个契机，这段在北京工作的经历，让我对人力资源的博大精深有了切实的体会。然后，我第一次有了明确的短期职业目标：在未来的一年内，我一定要到北京这样的一线城市，做更专业的人力资源工作。

在明确了这个目标后，我毅然选择离开已经工作了四年的、已经非常安逸的工作，来到北京，并在一个月内，成功应聘入职到一家知名猎头公司——科锐国际人力资源有限公司，成为一名招聘专员，开始深入了解人力资源管理中的"招聘管理"职能。接触了新的领域，新的工作方式，面对新的候选人……大量新的信息让我感到无限新奇！

很快，三年过去了，我也从招聘专员成长为客户经理，从一个人独立作战，成长为带领有七个成员的小团队共同奋战。这时候我又发现，这份工作虽然能发挥我的优势，但我的兴趣点在逐步下降。以前我的主要工作是在和候选人沟通，就招聘细节和客户协调，帮助客户找到合适的候选人，解决实际的招聘问题，让我有双赢的乐趣，产生强烈的成就感！而当上客户经理以后，每天的工作却是在和客户就合同条款讨价还价，即使议价成功了，我也没有强烈的成就感，这让我的工作热情日渐低迷。加之无法锻炼和学习人力资源管理中的其他职能，例如薪酬管理、人员发展等，我突然意识到，我的兴趣其实还是做企业内部专业的工作，我的长期职业目标是成为企业人力资源的顶级专家！

为了实现这个目标，我全面分析了一下自己当时的条件，发现自己的知识储备还不够，英文水平也需要进一步提升。于是，我接下来的目标就很明确了：出国留学，补充知识，提升英文。

确定目标后，我就开始了行动。因为美国的学校还需要考GMAT，这会耗费很多时间准备考试，对我而言，时间更为宝贵，于是我把目标锁定在不用考GMAT的英国和澳大利亚。经过一些研究，我发现澳大利亚的性价比更高些，加之澳大利亚的生活环境更适宜，我最终把目标锁定在澳大利亚。接下来一切就很顺利了，复习、考试、选学校、申请、出国等，一切按部就班地进行。以后的事实也证明，当初这个决定是正确和英明的：一方面我补充了自己的人力资源知识，另一方面海外留学的经历增长了我的见识，积累了我的人脉资源，更提升了我的人力资源乃至综合管理的理论知识，还有了跨文化的合作和锻炼机会。这段海外教育背景加之以前人力资源的从业经验，让我在回国后不到一个月的时间就入职了一家行业顶尖的五百强企业，继续开始我喜欢的人力资源工作。

回顾自己的这些经历，我觉得我是幸运的，从入行的第一份工作里就找到了自己的工作兴趣点，同时长期大量的职业训练，让自己得以锻炼，能为自己的工作兴趣点服务。尽管我在职业生涯之初，对自己的长期目标并不清楚，但我幸运地选择了自己恰好感兴趣的工作，于是我的每次跳槽，都会离自己的目标更近一步。如果我们在刚踏入职场的时候就能想清楚自己的终极目标，那是最好的；如果没有，也可以像我一样，边做边思考。

也有很多人，在经历了第一份工作后，无论是兴趣还是就业方向都会有很大的转变。其实他们也是幸运的，因为正是有了第一份工作的经历，他们才明确了自己喜欢的是什么，讨厌的是什么。

我曾经招过一个很出色的候选人 Amanda，她应聘的是公关助理的职位，但她是清华大学毕业的数学专业研究生，在微软研究院工作了一年。这个候选人告诉我，正是因为在微软研究院工作了一年，她才明确了自己不属于那里，因为一想到一辈子都和机器打交道，做开发的工作，她就觉得好像是在受刑一样。她的兴趣是组织大型的活动，做与人交往的工作，同时发挥她超强的协调沟通能力、出色的文字和口头表达能力。

这个女孩子最终被录用，而且现在已经成长为公共圈里小有名气的人物了！所以，当年看到她简历上第一段的研究开发经历，你能说那是段失败的经历吗？正是这段痛苦、每天如同在受刑一样的经历，才逼着她重新审视自己的兴趣、专长，才让她最终找到了适合自己的位置，树立起自己的职业目标。

所以，各位读者，想想你自己的兴趣是什么，自己的专长又是什么，什么才能让你更有成就感。在这几点都满足的情况下，着手制定、调整和实践自己的职业目标吧！

在看下一章节之前，请先在下表中写下自己的职业目标。

职业目标列表

我的终极职业目标是:在我____岁(____年)得达成_____。

为达到我的终极职业目标:在我____岁(____年)得达成_____的长期目标(通常往前推5~10年);

为达到我的长期目标:在我____岁(____年)得达成_____的中期目标(通常再往前推5~10年);

为达到我的中期目标:在我____岁(5年内即____年)得达成_____的短期目标;

为达到我的短期目标:在我____岁(2年内即____年)得达成_____的三年目标;

为达到我的三年目标:在我____岁(明年即____年)得达成_____的目标。

三 认识最陌生 的自己

A. 成功人士在做什么样的工作

这一天，我收到了以前带的实习生 Peter 的短信：

> "Jerry，想约你聊一下，我最近想换份工作。我吧，现在也没想好自己到底要做什么，只是觉得目前的环境不适合我，想换个行业或方向，Sales、Marketing、PR 都是我想尝试的方向，但我不知道自己到底适合做什么，希望可以找时间和你聊聊，得到你的一些建议。如果有类似的机会，也希望你帮我留意一下，非常感谢！"

我想，和 Peter 有同样困扰的年轻人应该不少吧？一份工作做了一段时间就会遇到职业倦怠期或职业瓶颈，觉得环境不适合，应该是自己的价值观和企业的价值观发生了问题。"Sales、Marketing、PR 都是我想尝试的方向"，说明他对自己的职业目标还不明确，也不清楚自己的职业技能是什么。"不知道自己到底适合做什么"，说明他缺少合适的方法去发现自己的特质和定位。

临近毕业时，很多应届毕业生是否遇到以下情况？
❀ 投出许多简历但大多都石沉大海。

❀ 迷茫——我想干什么？

❀ 困惑——我应该干什么？

❀ 彷徨——我能干什么？

❀ 犹豫——在众多的职业面前我将选择什么？

这些问题的根源都是自己没有明确的自我认知。

再看看那些成功人士，虽然行业不同，但他们选择工作时的态度却有着惊人的相似之处，那就是：他们只做自己热爱的工作。他们对自己的事业有强烈的使命感和极大的热情，而且他们做的是自己擅长的事情。因此我们不难总结出：

❀ 兴趣是职业发展的润滑剂；

❀ 能力是职业发展的条件；

❀ 个性是职业发展的基础。

它们共同影响着一个人顺利达到人生目标、实现事业成功的全过程。

职业心理学家勃兰特曾经做过一个实验：他追踪调查了一批大学毕业生，将他们的个性、在校学习成绩、智力与他们毕业五年后的收入做了一下比较，结果显示：

事业成功和智力的相关度是 0.18，和学习成绩的相关度是 0.32，与个性及兴趣的相关度为 0.72。

这个实验证明，事业成功与否，跟人的个性及兴趣是否适合此项事业的关联度最高。也就是说，一个人所做的工作与自己的个性越契合，他事业成功的可能性就越大。

怎样才能将自己的工作和兴趣、个性结合到一起呢？

在谈这个之前，我们首先要回答一个问题：我们真的了解自己吗？

换个专业点的说法就是，我们的自我认知正确吗？

也许有人会说，我当然了解自己！可科学家告诉我们，我们不了解的世界向外扩展是广袤无垠的宇宙，向内拓展是自我认知。有很多哲学家穷尽一生去研究、探索人的内心，因为最难了解的不是别人，而是自己。

发现自己（不是战胜自己）是克服障碍、实现自我、发挥潜能、超越自我最有效的方法。正如乔哈瑞窗口（乔哈瑞窗口是由 Joseph Luft 和 Harry Ingham 提出的，故称之为乔哈瑞之窗）描述的那样，它帮助我们理解信息沟通的进程。

乔哈瑞窗口由四个象限组成：

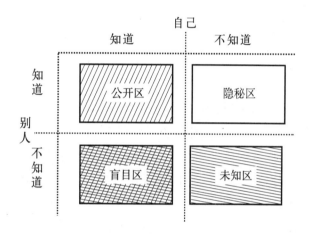

第一象限：公开区（Open Area），即自己知道，别人也知道的资讯。例如：你的名字、电话号码，或者你是少数民族等事实。

第二象限：盲目区（Blind Spot），即自己不知道，别人却知道的盲点。例如：你的处世方式、别人对你的感受。

第三象限：隐秘区（Hidden Area），即自己知道，别人不知道的秘密。例如：你的秘密、希望、心愿以及你的好恶。

第四象限：未知区（Unknown Area），即自己和别人都不知道的资讯。未知区是尚待挖掘的黑洞，它对其他区域有潜在影响。

根据乔哈瑞窗口的理论，我们自己对自己的认知是有局限的，我们还有很多盲区和未知区，所以自我认知其实就是减小盲区和未知区的一个过程。

自我认知是指个人对自己的了解和认识、对自己的情绪和感受的认识与调节，以及自我评价、自我规划的能力等。它包括：

※ 认识自己的优缺点；

❀ 调整自己的情绪、意向、动机、脾气和欲望；

❀ 对自己的行为进行自律和反省。

自我认知并不是一个短期即时的行为，人的一生都在进行自我认知，它是一个漫长的、动态的旅程。

我们在职场里也经常会发现这样一些人：他们有的工作得苦哈哈，但是很难取得好的工作成果；有的虽然工作非常稳定，但只是机械地重复和执行，工作得并不开心；还有的人空有一身本领，却屡屡不得志，常常感慨自己英雄无用武之地……这些问题的产生其实都根源于缺少对自我的认知，不知道自己擅长做什么，喜欢做什么，该去哪里做。我们总觉得自己最了解自己。但是，请静下心来想想，你真的了解自己的每个长处和缺点吗？每个人都处于不断变化的状态中，有些不经意的改变，很可能你自己都不会意识到。所以，我们应该像研究一本书一样去研究自己，通过科学的测评工具，正确、全面地了解自己，然后找到自己真正喜爱、适合的工作，并为之努力。这样的奋斗方式才是积极有效的。

乔布斯曾在斯坦福大学的毕业典礼上对所有毕业生说道："有时候，人生会用砖头打你的头。不要丧失信心，你得找出你的最爱，工作上是如此，人生伴侣也是如此。你的工作将占掉你人生的一大部分，真正获得满足的唯一方法就是做你相信是伟大的工作，而做伟大工作的唯一方法是爱你所做的事情。如果你还没找到这些事，继续找，别停顿。而发现什么是你最爱做的事情，很重要的一点就是知道自己的兴趣，了解自己的专长，明确自己的价值！"

B. 怎样进行自我认知

自我认知的途径其实很简单，常见的方式有三种：

❀ 不断反思、总结；

❀ 参考他人的评价；

❀ 借助专业测评工具充分地了解自己。

首先，自我认知其实是个不断自我反思和总结的过程。

在我自身的职业发展经历中，刚入猎头这行的几年间，我每天工作都非常繁忙，特别充实。可随着时间的推移，我却发现自己没有以前工作得开心了，甚至出现了严重的失眠。通过自我反思，我发现：虽然我的工作内容越来越丰富——从独立工作的顾问晋升为带团队的客户经理，从只面对候选人到有越来越多的时间去管理客户，但每天把大量的工作时间都花在客户拓展、与客户就合同条款讨价还价上，这并不是我的兴趣，也非我的特长，因此我越来越不开心。我自己更擅长从事职业发展的咨询和顾问的工作，因此我开始和老板沟通，要改变现状。我无法想象，如果没有清楚的自我认知，每天就这么忙忙碌碌地忙下去，不知道我还能坚持多久，不知道会出现怎样的后果。

从这段经历之后，每年不管再忙，我都会找时间，来段自己内心的对话，问问自己：

❀ 最近工作的开心不开心？假如不开心又是什么原因造成的？
❀ 做这份工作我有什么样的收获？
❀ 在这里我要实现的目标是什么？我离这个目标还有多远？
❀ 如果已经达到一个目标了，那么我的下一个目标是什么？

美国曾有人做过一项研究，是针对一群古稀老人所做的问卷。调查问他们，如果人生可以再来一次，他们最想做的三件事情是什么？最后的结果里排在前三名的是：(1)帮助别人；(2)做一次冒险的事；(3)自我反省。

所以我强烈建议大家，从现在开始，不管每天多忙，都要抽时间和自己进行一段心灵的对话，缩小自己对内心的未知区域。千万不要等到老了，再去后悔。

《论语·学而》里也说："吾日三省吾身：为人谋而不忠乎？与朋友交而不信乎？传不习乎？"大意是，我每天都再三反省自己：为别人办事是否尽心竭力了呢？同朋友交往是否以诚相待了呢？老师教的功课是否用心复习了呢？可见我国古代的贤明每天都在自我反省，这种每天的自我反省正是自我认知的重要方式！

其次，除了自己的反思、总结以外，借助他人的反馈，也是很好的自我探索的途径。

曾被美国《时代周刊》誉为"思想巨匠""人类潜能的导师"，影响美国历史进程的25位人物之一的史蒂芬·柯维曾提出闻名遐迩的"高效能人士的七个习惯"，最近他又提出了"第八个习惯"——找到自己的心声。

在这里，"找到自己的心声"就是点燃自己的激情和潜力，它包含了：

❀ 探求自己的需求，我需要做什么？
❀ 探求自己的热情，我爱做什么？
❀ 探求自己的才能，我擅长做什么？
❀ 探求自己的良知，我应该做什么？

在自我认知的工具中，史蒂芬·柯维特别强调了"和同伴的对话"这一工具。

和同伴对话，就是借助他人的反馈，以他人为镜子，看到自己不容易看到自己的那一面（即乔哈瑞窗口中的盲区）。

史蒂芬·柯维特别强调这种沟通反馈，他甚至在书中强调说："领导们，请注意！你在组织中的级别越高，人们给你提供直接反馈的可能性就越小。反馈是你的生命保障系统。没有了反馈，最终等待你的将是失败。尽你所有的努力营造一个适合反馈的安全氛围。"可见反馈是多么重要！

随时从周围获得直接的反馈，能帮助我们校验自己的方向，调整自己的行为，在职场中获得更大的成功！

我以前做人力资源的时候，自以为很有亲和力，为人很随和，但没想到有一天，一个同事无意中说道："Jerry，我好怕你哦！我觉得你好严肃，很有距离感！"当时听到这话的时候，我整个人都傻掉了，为什么我自己眼中的我，和别人眼中的我会有这么大的反差呢？我开始反思为什么会出现这种情况。这其实就是乔哈瑞窗口中我的盲区。后来，我终于发现，原来我平时很少对同事主动微笑，老是抬着头，看人的时候也常是眼往下看，这样难免给人高傲的感觉。

你看，如果没有同事的反馈，我还自我感觉良好呢。发现了自己的问题后，我调整了自己和同事相处时的状态，于是就更容易和同事打成一片，他们也更容易吐露心声，更有利于我推进人力资源工作。

借助他人的反馈，可以多向自己的父母、兄弟姐妹、要好的同事、同学和老师主动问询，多跟他们谈话，听听他们的意见，看看在他们的眼里你是什么样的人，你一定会有新的发现哦！

当然，身边的熟人可能更多的是从性格、价值观等方面给你反馈信息，而与自己的直线上级（如果他够专业，也够对你负责的话）、公司人力资源部门的相关人员或者专业的职业咨询顾问进行沟通，听听他们从专业的角度对工作技能、职业价值观等方面给予专业的反馈，对你的职业发展会更有帮助。

此外，通过科学的测评工具进行自我认知，也是非常有效的方法。在国外，这方面的工具非常多，大体可以分为：

 ❋ 职业价值观测试；
 ❋ 职业技能测试；
 ❋ 职业潜能测试；
 ❋ 职业兴趣测试；
 ❋ 行为动机测试；
 ❋ 人格特征测试；
 ❋ 管理能力测试。

职场扫盲：VCP 测试

在这里，我要特别强调几个容易被大家忽略的自我认知盲点：

首先就是职业价值观。职业价值观指人生目标和人生态度在职业选择方面的具体表现,也就是择业人对职业的认知和观点、态度以及他对职业目标的追求和向往。俗话说:"人各有志。"这个"志"在职业选择中指的就是职业价值观,它是一种具有明确的目的性、自觉性和坚定性的职业选择的态度和行为,对一个人的职业目标和择业动机起着决定性的作用。

由于每个人的身心条件、年龄阅历、教育状况、家庭影响、兴趣爱好等方面的不同,人们对各种职业也有着不同的主观评价。价值观是个听上去很玄很虚的东西,但又是在每个人身上都实实在在具备着的。

> Betty 是个个性鲜明的女孩子,只看她的外表,就能发现这一点:浓浓的烟熏妆,爆炸发型,耳朵上有很多的耳钉……最初她在广告公司做平面设计,身边的设计师基本上都是非常有个性的人,经常一起加班,晚上去吃烤串,喝啤酒,唱卡拉 OK。同是年轻人,大家都为梦想打拼努力,相互鼓励,关系也非常融洽。她的设计作品慢慢在行业里有了些名气,也算工作得如鱼得水。可惜好景不长,这家广告公司被收购了,她被迫离职,经过一个客户的介绍,她来到一家前身是国企的百货公司。这里要求员工每天穿统一的制服,对女员工的发型和妆容也都有严格的要求,Betty 在这里一下子就成了异类。而且,她之前所在的广告公司员工平均年龄是 20 多岁,而这家百货公司的员工平均年龄是 39 岁,与之前那种朝气蓬勃的氛围相比,这里的同事显得平静而沉闷。Betty 觉得自己快压抑死了!可不是嘛,Betty 追求的是自由随性,她希望在一个为了理想大家一起奋斗的环境中工作,把她放到一个循规蹈矩、墨守成规的环境里,可不是就受不了吗?她难受,公司也难受。究其根源,就是个人的职业价值观和公司的价值观不匹配。

最近几年,为了修身养性,我开始养花。开始的时候是养什么死什么,后来我发现不同的花对环境的要求非常高。有的花需要多晒太阳,有的花需要放在阴暗潮湿的地方，给不同的花以最合适的环境是非常重要的。有一年冬天，我怕花放在阳台上会被冻死，就都挪到了房间里面，谁知好几种放在暖气片附近的花居然纷纷凋零枯萎了，原因是这里虽然暖和，但是花受到的日照时间太短。今年冬天，我把它们放在了阳台上，虽然封闭阳台附近的气温只有十几度，但每天光照好，这些花花草草就长得特别健康。

其实，人的发展也和植物的生长一样，都需要在合适的环境里才能茁壮成长，就如喜阴的植物不能天天暴晒，喜阳的植物不能没有太阳一样。我们要想在职场快速成长，就需要寻找符合自己价值观的环境，让个人的职业价值观与公司的价值观相匹配。了解自己的职业价值观是什么，才能让自己在职场中如鱼得水，做得长久和开心，最终像绿色植物一样郁郁葱葱，生长茂盛！

职业价值观测试方面，可用的测试工具比较多，我这里要给大家推荐的是我常用的一个测评工具：VCP 测试。

所谓 VCP 测试是测试价值观（Value）、工作技能（Competency）、潜力（Potential）的一个综合测试。它通过测试对象在短时间内对四十项价值观，四十二项专业技能的排列选择，从兴趣度、熟练度不同的维度进行打分，最终得出测试对象在工作环境中最关注的价值观，并且梳理出测试对象最擅长和最喜欢使用的核心技能，还能挖掘出测试对象能够迅速提升的能力区间。根据测评得出的分数，VCP 还会给出匹配的岗位推荐建议。

在我所接触的测评工具中，VCP 测试涵盖的价值观、技能、潜力对职业发展的帮助更加直接，测评报告更加通俗易懂。在此之前，我也做过各种不同类型的性格测评和职业测评，我发现其他的测评工具有个共同的问题——测评结果参照的样本更多的是国外职场的数据，因为价值观、社会环境、职场规则、人才市场的不同，很多数据其实在中国测评者的身上可参考性不强。另外，很多测评报告晦涩难懂，必须有专业认证的顾问给你做解读，才能理解。这样比较下来，VCP 基于中国本土人才的特点得到的数据，可参照性更强，报告更通俗易懂，更推荐有职场困惑的朋友使用。

而且，VCP 测评得出的结果马上就能够运用。比如，明确了自己在职场选择中最关注的价值观是什么后,在选择雇主的时候,就可以去考察和判断潜在的雇主是否能提供最适合自己的环境,也能够在面试中清晰地表达出自己的价值观诉求,让双方共同做出正确的决定。

VCP 测评得出来的结果,也可以直接在自己的简历中体现出来。在描述自己优势的时候,可以把 VCP 测评的每个能力强项真正凸显出来,这样可以使自己的简历跳出"千人一面"的窠臼,显得有新意。对于自己的强项,可以准备一些说服力强的言辞,这样可以在面试的时候更好地体现自己的优势。

VCP 测评能够发现自己的潜力,明确自己的发展方向,让自己有更强的信心去拓宽事业发展的空间。

当然,需要提醒读者的是:所有测评工具测试的都是被测评人即时性的反应,所以被测试人会受当时环境或当时身边发生的某个事件的影响,而把这种即时的感受反映在测评的应答上。所以这种测评工具只能是作为对自己短期设定目标的一个参考,切不可特别机械地应用,甚至迷信测评工具。

最后还要提醒各位读者的是,职业价值观中会包含很多因素,大家必须根据不同时期、不同环境确定自己的核心需求,还有绝大多数现实情况是无法完全满足自己的所有价值观的需求,大家必须根据情况进行调整和平衡。

在你翻看下一章节时,同样需要你根据文中介绍完成下表:

我现阶段的职业价值观是:_____(职业价值观可能会随着你的年龄、阅历、工作经验的变化而有变化,所以需要定期自测。)

我现在具备的技能有:

(1) _____

(2) _____

(3) _____

(4) _____

(5) _____

我现在具备的经验有:

(1) _____

(2) _____

(3) _____

我现在具备的知识有:

(1) _____

(2) _____

(3) _____

我的潜力在哪里:

(1) _____

(2) _____

(3) _____

注:VCP 测评可以登录 www.51vcp.com 进行自我评测。

三 设计人生的 "寻宝图"

A. 怎样找到命运赋予你的"宝藏"

通过前两章的介绍,相信大家已经设立了自己的职业目标,也对自己有了新的认知。那么,有人就会问了:下一步该做什么?

毛主席在《论持久战》中写道:"凡事预则立,不预则废。"没有事先的准备和计划,战争就不会取得胜利!

命运会赋予每个人一座"宝藏",但有的人能找到它,并享受随之而来的幸福,但更多人终生都在苦苦寻觅。

怎样才能找到"宝藏",不负这场生命之旅?

"计划"无疑是其中最重要的一环,它相当于寻找宝藏时的"寻宝图",有了它,就有了方向,有了目标,也就有了相应的方法。实现职业目标,也需要认真地去制订个人职业发展计划。

什么是个人职业发展计划?

职业发展计划就是为了达到自己的职业目标所需要进行的行动方案,由四部分组成:

❈ 职业目标(包括对应需要具备的能力和经验);
❈ 现状;
❈ 需要提高和改进的地方;
❈ 行动措施(包括所需资源)。
可以用一个简单的个人职业发展计划图来帮助大家理解和应用。

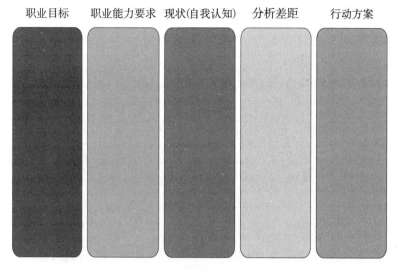

职业目标　职业能力要求　现状(自我认知)　分析差距　行动方案

个人职业发展规划

从上面的介绍可以看出，跳槽其实只是职业发展中众多行动方案中的一种，行动方案最重要最核心的还是提升达到目标所需的相关能力或者补充相关经验。

提醒大家注意的是：没有一种方案是最完美的！例如跳槽，跳槽是职位提升的方法之一，但同时跳槽是有很多风险的。你到一个新的环境，需要时间适应新的工作流程和新的企业文化，搭建新的人脉关系。你之前的经验优势需要在新的环境里验证，你和老板需要时间去建立信任。天时、地利、人和，任何一个环节出问题，都有可能让你的跳槽变得糟糕。我见过不少人，为了一时冲动盲目跳槽，结果跳槽以后很短时间就离开，最后在家里闲了半年多。

B. 五步法：设计你的专属"寻宝图"

制订职业发展计划其实就是对职业发展计划图的填空。根据上节的介绍很清楚需要五步走。

在开始之前，我们先把本书最后的附页"个人职业发展计划图"沿虚线剪下来,也可以找一张大纸,自己画一张个人职业发展计划图,然后按下面的步骤完成。

第一步:职业目标。

把你在本书第一章第二节中设立的个人职业目标抄录在职业目标的方框中。

第二步:职业能力要求。

在职业能力要求中写下自己的职业目标对应需要的能力。通常每家公司的 HR 都有对各个职位的能力要求,可以参考,也可上网在招聘信息中找到。

第三步:现状(自我认知)。

把你通过前一章所讲的 VCP 等工具所明确的自己的能力、经验等自我认知的内容摘录在现状的方框中。

第四步:分析差距。

完成前三步后,接下来要做的就是分析目标职位的能力要求和自己现状的差距,列出待提高的能力,把待提高的能力列在分析差距的方框中。这就是要达成自己职业目标需要接下来完成的任务。

第五步:行动方案。

根据要完成的任务,列出自己的行动方案,以及所需要的资源。

再说说我之前从猎头转回企业做 HR 的那段时间。

当时我明确了我的终极目标是做一名人力资源专家以后,为了实现这个目标,我树立了一个短期目标,那就是去一家五百强的企业做更专业的人力资源工作,接触全方位的知识。

作为一名人力资源专家,需要有战略性的思维、管理市场的能力,以及人才管理的理论指导和一些技术层面的能力,如面试技巧、劳动法规、薪酬福利、人才发展等。然后我又分析了自己的现状,我发现自己离这个目标还有些差距,这包括知识储备、语言能力、更广阔的视野、更多元的思维和对跨文化的理解。当我意识到自己的这些差距后,就把它们都列出来,在众多的行动方案中综合考虑,然后发现最适合我,也是性价比最高的发展路径就是出国深造。

于是我开始行动,制订了一个详细的求学计划,然后按照该方案一步一步走,最后果然达成了目标。

制定行动目标有两个小技巧

① 细分任务,当任务细分到足够小的时候,行动方案就很容易就出来了;

② 5W2H——What(要做什么)、Why(为什么要做)、When(什么时候做)、Who(由谁来做)、Where(在哪里做)、How(如何做)、How much(需要什么代价和资源)。

再回到我的例子上。

在我明确了通过出国深造,完成从猎头到五百强 HR 的职业转化目标以后,我明确了在短期内有三个行动任务:

① 在一年内申请学校和签证;

② 在两年内拿到人力资源管理的硕士学位;

③ 在出国学习期间,通过定期联系的方式继续维系国内职场人脉。

以上每件要完成的任务其实都是实现最终目标的细分的任务。每个细分的任务又可以按照第一章介绍的方法进行拆分,比如说为了完成第一个任务,一年内申请到学校和签证,这个任务又可以拆分为以下几个小目标:

① 一个月内完成学校和专业的筛选,确定目标学校;

② 按照其要求准备雅思考试,参加相关辅导班,在半年内完成雅思考试;

③ 在三个月内完成申请资料的准备,在此期间参加目标大学在中国的路演,递交申请;

④ 在获得录取信后,在一个月内准备好相应的签证材料,如相关文件的公证、资金的准备等;

⑤ 三个月内拿到签证,订好机票,准备好行李。

经过这样的拆分以后,任务小了,可执行性强了。拆分到如此细的时候再用5W2H的问题去一个任务一个任务地分析,就很容易得出行动方案。比如说第一个小任务——一个月内完成学校和专业的筛选,确定目标学校:

❋ What——要做什么? 要确定目标学校和专业;

❋ Why——为什么要做? 因为要出国深造,提高自己人力资源领域的理论知识;

❋ When——什么时候做? 一个月内;

❋ Who——由谁来做? 自己和家人;

❋ Where——在哪里做? 北京,武汉。

❋ How——如何做? 咨询过来人(如父母去咨询同事家的孩子,我去咨询以前的同事、朋友),咨询专业机构,网上筛查等;

❋ How much——需要什么代价和资源? 时间和精力,网络资源,相关信息来源等。

经过这么一分析,行动方案就很清楚了:在一个月内,通过我和家人每人咨询五个有留学经验的人、自己咨询两家专业留学机构以及网上搜索的方式确定了目标学校和专业。

用这种通过列出行动来制订计划的方法,大家会发现计划执行起来很容易。我按照这样的行动方案一项一项去做,完成学校申请和签证前后刚好花了一年的时间。

简单说来,制订职业发展的计划,就是把终极的职业目标转化成有时间限制的、可执行的行动方案,然后按照一定的时间进度逐个去实现。

C. 实践并不断调整

在上一节中,大家已经画好了自己的职业发展计划图,那具体要如何使用呢?

在这里再和大家分享几个具体应用的经验。

第一，要对任务进行排序。当你分析完，你会发现有很多任务要做，而且任务还可以进一步细分成更多的子任务。我曾经辅导过一个朋友，他细分后的任务高达 100 多条。面对如此大量的任务，我想，你和我的感觉会一样，很受打击，很容易失去耐心。

有两个方法和大家分享。

① 要对任务进行分类和排序，就像我们做时间管理一样，根据任务的紧急程度和重要程度进行分类填写在下图中，然后根据时间和精力是否允许，首先做最重要最紧急的，然后做重要而不紧急的，再做紧急但不重要的，最后再考虑不重要不紧急的。

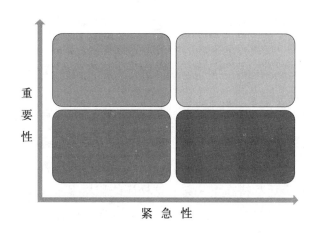

重要性

紧 急 性

② 在职业发展计划图中，关注短期甚至先关注未来三年的目标，针对此目标进行能力要求的分析，然后列出差距（即任务），就此任务列出行动方案。

我个人更推荐第一种方法，因为第二种方法虽然可以让你更关注，精力更集中，但有些任务非常重要而且很耗时。第一种方法中的任务能力可能在三年目标的能力要求中没有，但对终极目标非常重要，而这种能力或者经验需要长时间准备和培养，需要从现在起就开始行动起来，这样的任务很容易在第二种方法中遗漏。

第二,我们要把职业发展图贴在自己最容易看到的地方,时刻提醒自己,激励自己。

有很多成功的营销大师,他们通常都会做一件同样的事情,就是把自己的目标写下来,贴在显眼的地方,时时激励自己。例如,把自己想买的车的图片打印出来贴在自己最容易看到的地方,每天告诉自己,这车很快就是自己的了,只要自己加油努力。我们要在职业发展图上贴张你终极目标实现时的图片,例如躺在风景优美的海边休闲度假的图片等。总之,要时时提醒并激励自己朝着目标前行。

第三,要定期回顾,调整。任何事情都是发展变化的,有时候你会发现自己的进度快于当初的设定,有时候你会发现当初的目标并非自己现在的目标,还有的时候你会发现当初认为的重点不是现在的关键,所以我们要定期回顾,定期调整。

其实,设计发展路线是很理想的事情,很多事情都需要经历过,才知道自己是不是适合。

我就有这么一个同事,他做过公关,做过客户服务,后来又负责过行政,还做了段时间数字营销,应该说听上去职业经历不是很连续,但最后他的职业生涯定位在了咨询顾问上,之前的经历就像是很多没有规律的拼图碎块,看似杂乱,但是最后都拼在了一起。这样还能积累很多人生的阅历,对各行业的认知了解,对最终找到合适的定位很有帮助。因此,当你发现沿着设计好的路没法走下去的话,就把自己的职业发展变成一个拼图,相信只要自己认真用心去寻找规律,最终这个拼图能拼出自己理想的人生画卷!

D. 如果你遇到以下问题

问:其实我知道自己的兴趣是什么,但是我觉得在现实生活中根本就无法实现,这该怎么办呢?

答:这位同学,如果你的兴趣不能转化成现实的工作目标,这就注定是个失败的职业规划!当我们要设定工作中的工作目标,进行职业规划的时候,最好遵循"SMART"原则,这其中有一个衡量指标就是:目标是可实现的。举个例子,如果我的兴趣爱好是唱歌,我想当歌星,但是现实状况是,我的嗓音并不特别,唱歌偶尔还会走调,形象也很普通,属于丢到人群里就找不出来的那种,参加了很多选秀节目都被早早淘汰,那我就要分析自己,如果不能当歌星,但还是热爱音乐,是否可以从事和音乐相关的行业的工作——音乐的创作、制作或发行等工作呢?

更何况,你可以把这个兴趣作为你自己的生活兴趣,你可以挖掘自己在工作中的兴趣特点,比如前面提到的行为动机(成就动机、影响动机、亲和动机),挖掘到了这些点,同样能帮助你实现自己的职业理想。

问:我明确了自己的职业发展目标,可是现实中有各种各样的困难阻碍着我实现目标,我该怎么办?

答:涓涓细流汇成大海,那看似窄小的细流,为何能抵达大海? 就是因为细流在遇到前方障碍时,懂得拐弯,懂得绕道。当一时绕不过障碍的时候,涓涓细流懂得慢慢地积蓄自己的力量,不断地提升自己,最终跨越障碍,继续前行,直至汇集到遥远的大海。人生要抵达梦想的大海,也要向小溪那样,拥有那份坚韧、耐力和执著,终会实现目标!

只有好朋友 HR 才会对你说的话

(1)没有目标的职业规划都是纸上谈兵;

(2)树立长远的职业发展目标是职业规划的第一步;

(3)职场贵在有自知之明! 通过自我的反思,他人的反馈,科学的测评,找到自己的盲区,认识真实的自我,才能走好职场每一步!

奋斗篇

仰望目标，
踏实积累

世界上最远的距离不是生和死，不是你在海那边，我在海这边。很多人力资源管理者会说："世界上最远的距离是知道和做到的距离"。

职业规划也是同理，世界上没有哪个学校开设职业规划专业，顶多只有这么个课程，就是因为职业规划除了要规划，更需要实践，到现实的职场中去验证。

现在的社会资讯非常发达，各种职业规划的理论和故事都能看得到，可谓是百家争鸣。可是不管你在职业规划方面做再多的研究，写再长的发展计划书，如果不在职场中历练，都是纸上谈兵。就如同《小马过河》的故事一样，对大象来说，河水很浅；对松鼠来说，河水很深。只有小马自己迈进了河水中，才能真正知道河水到底是深是浅。

在这本书里，将重点介绍在职场中如何把握"敲门砖"的秘密，怎么写好简历，如何把自己修炼成超级"面霸"，以及大家最关注的如何谈个好薪水，顺利入职。

一 阳光心态，
精英必备

我们看奥运会或其他重要赛事时，常能听到解说员说："希望我国运动员今天能以自信、平和的心态，正常发挥出自己的水平。"

是的，在比赛中，能超常发挥的运动员毕竟是少数，对很多运动员来说，比赛并不是输在自己的实力上，而是输在了心态上，一紧张就容易发挥失常。

对职场人来说，要实现自己的职业目标，进行积极的心理建设是非常重要的。了解新的行业、目标公司以及岗位的要求，是每一个候选人都能做到的；但是给自己做一个积极的心理建设，让自己以最佳的心理状态去迎接职业发展的挑战，却不是每个人都能做到的。

去年，有一个朋友来找我，说他有一个很要好的大学同学因为公司架构调整，刚被公司裁掉，赶上市场大环境不好，一直求职不顺，希望我给他一些辅导和求职建议，于是我们约见了一面。

我们约在富力广场的星巴克。当我朋友把他同学 Andy 介绍给我的时候，我看到的 Andy 是这个样子的：他眉头紧锁，面容暗沉，下巴是没刮干净的胡茬，整个人蜷缩在厚重的大衣里。最要命的是他的目光里透出的是空洞和慵懒，整个人的精神状态非常差。寒暄了几句后，我拉着朋友去排队买咖啡，走到一边，我对我朋友说，Andy 如果一直是这个样子，我敢保证他会一直找不到工作，他身上散发出来的负能量气场太强大了，不管他以前多有经验，没有哪个公司愿意聘用这样一个看着就没精神的"丧门星"。

话虽然刻薄，但是道理肯定是对的。如果你是公司管理层，你会聘用一个精神萎靡、根本不像能好好工作，甚至可能会影响其他人工作的雇员吗？

坐下来和 Andy 聊了一会儿，知道了一些关于他的细节。

原来，他是因为和公司新来的领导不和，新领导把前任的一些问题都算到他头上，让他被迫离职。离开公司后刚好赶上这个行业正处于不景气的时候，各家公司都在紧缩编制，Andy 连面试机会都很少，仅有的几次面试都以不合适而告终，这也越发影响了他的信心。随着在家待的时间越久，他的状态也就越懒散了。

虽然能够理解 Andy 萎靡不振的原因，但是我还是鼓励他思考他自己的人生目标，唤起他对自己的理想抱负的憧憬和对家庭的责任——激起他的斗志是第一步。接下来是帮助他树立信心，我们通过测评和访谈，梳理总结了他个人能力的优势。我还邀请他到我的"阳光心态"的公开课来，和我度过了一整天的"阳光心态"的探寻和分享。我还让他按照课程的要求，制订了明确的改进行动计划，由我和他的朋友一起来监督其实施进程。

坦率地说，心态的改变是痛苦和漫长的，但是一旦打开了心门，解开了心结，每个人都是潜力无穷的。

两个月后，Andy 兴奋地给我打来电话，邀请我吃饭，让我帮他参谋下。原来他此时已经获得了两个 offer，正在考虑该去哪家公司好呢！

如果没有好的心理建设，缺少了自信的状态，Andy 是不可能获得 offer，重回职场的。

总之，职场发展的计划并不复杂，最关键的就是做好功课。每天对着镜子给自己一个微笑，大声自信地对自己说：我是最棒的！

三 "敲门砖"的秘密

A. 画好你的"第二张脸"

1. 明确写简历的目的

　　每次帮朋友修改简历的时候，都让我不禁想起当年我大学刚毕业的时候，照搬了一个靠谱同学的简历，直接把他的个人信息换成了自己的，然后把实习经历简单改了改，其他的一字不动地就变成了自己的简历，然后拿着这份克隆的简历就到处去参加招聘会找工作了。回想起来当时的简历是多么不专业，难怪投了那么多简历都回音寥寥。

　　参加工作后，我的第一个工作就是协助经理去招聘会收简历，我的身份马上进行了调整——从招聘会的求职者变成了一个面试官。算来到现在十多年的时间，看过的简历可以说不计其数，叠放起来绝对比我的身高还要高了！

　　虽然现在的工作很稳定，我自己也还是会隔段时间就更新一下我的简历。为什么我对简历如此重视？很简单，当你准备出去找工作的时候，你未来的雇主在没有见到你之前，是通过你的简历对你留下第一印象。因此，是否能让雇主给你留下一个很好的第一印象，你的简历至关重要！

　　这个第一印象将影响到两个方面：

一是好的简历帮你获得面试的机会，让雇主看到你的简历，对你的经历产生兴趣，从而邀请你来面试；

二是好的简历能帮助面试官留下深刻的印象。当面试官面试完之后，他可能为这个职位已经面试了十个或更多的候选人，脑子里对每个候选人的印象已经开始模糊，可是当他一看到你的简历，他就能回想起你是个什么样的人。

总而言之，在职场，简历就是你的第二张脸！简历是职场的"敲门砖"！

2."坏简历"的共同特征

2010 年我在负责欧莱雅管理培训生的招聘时，通过网申和内部推荐，总共收到了超过 12000 份简历，这其中绝大多数简历都存在这样那样的问题，我总结为四类问题：

（1）太简单：简历中缺少有效的信息，看完之后我对这人完全没有印象，也不知道他适合什么岗位；

（2）太复杂：洋洋洒洒好几页，有的简历都赶上一本书的厚度了，让我完全没有耐心读下去，事实上我也真的没有时间读；

（3）没有针对性：简历上写的信息虽然看着没什么问题，但是缺少和我现在要招的岗位的匹配度，或者完全不对路；

（4）全能型：简历上的他上知天文下通地理，十八般武艺样样精通，看完简历后我觉得他不去做美国总统都可惜了。

3."一二三"原则

其实写一封让面试官过目不忘的简历，并没有那么难，只要把握好"一二三"的原则就稳操胜券了！

原则一：一个目标。

我看过的简历，80％都是没有写求职目标的，这是候选人在写简历时最容易忽略,但却是对简历制作来说最重要的一点!

面试官只有看到你的目标,才知道你面试的目的和诉求,从而决定是否与你进行沟通。

而且,写简历就和写作文一样,你的目标就是你的简历的题目!一旦确定了目标,你就可以围绕这个目标来搭建你的简历内容。

那求职目标该怎么写呢?其实目标不需要过多的语言描述,一两句话说明就可以,比如:

> 求职目标:汽车行业区域销售管理
>
> 求职目标:致力于成为资深、专业的成本会计
>
> 求职目标:酒店\餐饮\影院\连锁零售行业运营管理岗位

所以,在写简历之前,应该先想好,你写的这份简历是要应聘什么岗位,你要进入什么样的行业? 如果没想好,请参照第一章,先做自我认知,有了明确的目标再有的放矢! 如果你想尝试不同的岗位,那每个岗位,你都应该写相应的简历,因为不同的岗位,对能力的要求是不同的,你需要相应支持你能力的内容,并根据它做相应的调整。如果你申请研究类的岗位,简历里就应该多突出你的专业知识、教育背景和研究成果,表现出你的学术性和专业度;而如果你申请的是销售类的岗位,简历里就应该多突出你的社会实践和学生工作经历,表现出你适合做销售的特质。

原则二:两页纸。

两页纸是你的简历应该呈现出来的样子。通常我们建议中文、英文各一张。

想办法精简你的简历! 删掉没有帮助的信息!

如果你应聘会计岗位,那你在简历里写你大学物理比赛得了第二名就毫无意义,因为这和会计岗位毫无联系! 凡是不能为你获得这个岗位面试机会的信息都应该删除,一定要突出重点! 原因很简单:HR 或面试官看简历的速度都非常快,通常看简历的时间也就只有 5—30 秒的时间,最长不会

超过 30 秒，所以你的简历要有助于对方快速阅读。

但也不要为了在一张纸上体现尽可能多的内容，就把字体变得特别小，要 HR 用放大镜才能看到你写了什么。建议简历的使用字体不小于 10 号字。

简历最后的排版一定要在页面四周留出一定的空间，上下左右至少 2.5 厘米，同时各段之间最好留有空白，以便于面试官在你的简历上做笔记，写上评价。

有的候选人说：我的经历特别丰富，一两页纸哪里够啊！请回顾第一个原则——一个目标，你所有的经历对你的求职目标都有帮助吗？应该只挑选重点就可以了。

还有的候选人说：我是博士，我有很多发表的论文著作，一页纸根本写不下，但是这些对我的应聘又非常有帮助，那我该怎么办？我的建议是，如果对方确实有要求第一时间了解你的学术研究情况，那就整齐地罗列出来；但是如果对方并无此要求，那可以在简历上写上这么一句：曾在××类型期刊发表了××篇论文。可以在面试时作为一个证明自己的文件，将所有论文发表复印整理成册，到面试的时候再给面试官展示。

原则三：三个优势。

很多候选人会在简历上写上自我评价，有这个意识非常好，但是大家往往会在自我评价的部分平铺直叙地罗列很多优点，其实这样起不到任何推荐自己的作用。

最可怕的是很多应届生的自我评价都是千篇一律的，基本上全部是："本人性格开朗活跃，乐观向上，爱好广泛，拥有较强的组织能力和适应能力，并具有良好的身体素质。与同学相处和睦融洽，乐于助人，对工作认真负责。能够积极参加学校及班级组织的活动，并能在活动中充分发挥出自己的作用……"所有人都具有相同的自我评价，这要 HR 怎么选啊？

我们回头想想，简历的第一个目的是什么？就是获得一个面试的机会。换而言之，我们就是把自己当作一个产品，简历就是我们的营销工具，是一本广告书。

我印象非常深刻的是电视购物频道播放的一个手机广告,广告里在介绍了很多功能之后,它会给你有个总结和强调,比如:此款手机外形设计时尚,待机时间超长,价格便宜,只要998元!然后这句话会反复循环播放,让"外观时尚,待机时间超长,价格便宜"这三点萦绕在你的脑海里,久久不能散去!对吧,那这三点就是这个手机区别于其他品牌手机的优势。

现在,我们需要找出自己区别于其他候选人的优势,不用太多,三点就够!

为什么只需要三点就可以了呢?还是结合前面的话题,HR看简历很快,你需要有重点,突出你的优势就可以,而且如果你的优势明显了,你的一些硬伤就自然会被忽略掉。

那怎么来发现自己的优势呢?请参阅第一章!比如用VCP的测评发现自己的能力优势。

还有一条捷径,那就是把你准备应聘的职位招聘广告拿来,看看广告上对这个职位的任职要求是怎么样的,然后把广告上的关键词写到自己的简历上。这只是个应急的办法,并不建议做推广。而且一旦写到简历上了,就请你为你的"优势"准备一个故事吧!不然面试的时候不能自圆其说,可就麻烦了!

总而言之,通过对三个优势的描述,回答雇主最想知道的问题。雇主最想知道的就是交这份简历的人在他的公司里能干什么,如果你在简历里能把这个问题回答得十分清楚的话,就大大提高了获得面试的可能性!

4. 六项技巧

"一二三"的原则是构建整个简历的基本原则,在具体进行简历书写的时候,还有六个小技巧值得关注:

(1)用短句

在简历里用短句而不是长段落,减少大篇幅的描写。这样不但给人明快、干劲十足的感受,而且使别人更快速浏览你的简历,并抓住重点。

例如,如果之前你的简历上是这么写的个人优势:"我从1995年开始从事技术管理的工作,曾经在长江机械厂,湖北轮华机械工程公司,ABB公司,施耐德电气公司服务过。我曾从事过研发、机械设计、技术质量管理、团队管理等不同的工作岗位,积累了非常丰富的工作经验。"

我们可以把这个优势的介绍调整成:

✾ 18年专业技术管理、团队管理经验;

✾ 能适应国企、民企、外企不同企业的风格;

✾ 擅长研发,机械设计。

(2)使用动词

特别是在英文简历的写作中要用动词开头的句子。很多同学会写:"I sold sixteen books and I was the No.1 sales in the department."我们会建议把这句改成:"Achieved top sales in the department."多用这样的词开头:Completed、Finished、Handled……而不要整篇看上去都是"I,I,I,I……"

(3)关注重点

删除无关的信息。如果你目前的一些工作职责不支持你的求职目标,不用全部都写在你的简历上。比如,你的求职目标是希望从事销售的岗位,但是你的简历上通篇写的都是行政管理方面的实习经验,这些行政管理的经历对你应聘销售的岗位没有帮助!

前面讲到HR在看简历的时候非常快,那在很短的时间里,HR看些什么呢? 就是看关键字,因此要突出自己的特点,让HR在扫描你的简历时可以轻而易举地抓到和你所应聘的岗位相关的关键字!

那如果你完全没有相关的经历怎么办? 有一个办法,那就是你可以从其他的经历中总结出与你应聘目标相关的能力和素质。

所以在写简历的时候紧紧围绕重点,专注于描述支持你的目标的工作职责,省略不相干的个人信息,如你的身高和体重。我之前收到过一个简历,一个男生在简历上写身高160厘米,体重80公斤,我实在无法理解他想传递什么样的信息!

（4）专业术语

如果你的工作经历是比较专业的，我们建议你能在简历中使用一些行话和专业术语，这样能表明你在某一领域的能力，提升你的专业形象。

（5）使用数字，单位和百分比

用数字能很直观地传递信息，而且显得很真实，很专业。这里有两个例子：

※ 管理三个部门和每年3000万元的部门预算；

※ 2013年负责管理区域的15个柜台，销售同比去年增长了25%，综合销量排名全国第一。

（6）关注细节

简历写好了，别着急马上发出去，最后检查一下排版、格式、错别字、时间、数字等。要知道，90%的HR眼睛都是很毒的，他们非常挑剔，关注细节，不要让小小的错误影响了你的形象。同时这也体现了你的工作作风和态度。我记得我见过一个HR前辈面试一位财务小姑娘，候选人上来就很骄傲地说："我工作特别细致，对数字也很敏感。"HR前辈指着她的简历说："你的简历上写着，你的教育背景是2004～2018年，你应该还不能毕业应聘工作吧！"候选人的脸立马变得通红："不好意思，我没注意！应该是2004～2008年。"是啊，你可能只是一个笔误，可能只是多加了个零，可能小数点的位置打错了，这如果在工作中发生会造成多大的失误！差之毫厘，谬以千里。那一次，那位HR前辈面试完后告诉我说，如果连自己的简历都不能认真对待，怎么能把更重要的工作交给他（她）？

5. 看资深HR怎样给"太简单"和"太复杂"改简历

为了帮助大家更好地理解简历如何书写，下面，我们拿两个有代表性的简历来进行修改，希望给大家一点启发。

样本一:"太简单"修改前

姓　名：	太简单	性　别：	女	
婚姻状况：	未　婚	出生年月：	1989 年 × 月 × 日	
学　历：	大学在读	户　籍：	吉林	
专　业：	人力资源管理	求职意向：	实习生	
毕业学校：	中国农业大学			
计算机能力：	日常办公软件操作			
语言能力：	CET4			
教育培训：	人力资源管理助师、导游从业资格、会计从业资格等职业培训			

自我评价
自我评价:善于沟通,爱好文字录入,喜欢分析人的性格并考虑此人适合做什么,有自学能力,细致又耐心,热情又执著,喜好心理学,对人力资源工作感兴趣,认为兴趣是最好的老师。

工作经验
2010 年 6 月 ~9 月　西安杨森有限公司　人力资源部　实习生
2010 年 4 月至今　兼职　天津顶新公司促销员
2009 年 9 月 ~12 月　兼职　太平人寿保险有限公司业务经理助理
2008 年 9 月　兼职　北大青鸟问卷调查人员
2008 年 10 月　兼职　派顿公司校园代理

"太简单"修改后：

姓　名:太简单

中共党员　159×××××××　　　　×××××＠163.com

♡　**求职目标**

人力资源助理,招聘培训类岗位

♡　**教育背景**

2007.9 至 2011.6　　中国农业大学　　人力资源管理专业　　本科

♡　**自我评价**

◇ 主动沟通,良好的亲和力,较强的表达能力;

◇ 细致,有责任心,愿意并能把琐碎的基础工作做好;

◇ 有学习精神,一直自学心理学。

♡　**社会实践**

◇ 西安杨森制药有限公司　　人力资源部实习生　　2010.06～2010.09

招聘:辅助招聘主管进行面试的安排,包括候选人预约、笔试协调、系统更新。参与杨森夏季医药人才专场招聘会,参与前期与供应商的沟通,场地布置,现场疏导,300 人的简历整理等全套环节。了解了公司的整体招聘流程,并学到了一定的面试技巧。

培训:辅助培训主管进行新员工入职培训,参与培训前期策划、组织、协调和现场安排、后期跟进。实习期间圆满完成四场新员工入职培训,无一差错,组织能力得到培训主管的认可。

系统维护:协助部门维护 SAP 人力资源系统的数据输入和更新。掌握 SAP 系统的使用方法,了解跨国公司的组织结构设定方法。

◇ 太平洋人寿保险公司　　经理助理　　2009.09～2009.12

管理客户资料,协助部门经理进行客户资料的维护,主动建议使用 ACCESS 系统进行数据管理,得到部门经理的认可并在其他业务单元进行推广。

组织及主持定期例会,协助部门经理组织部门 50 人的周例会,并进行主持,锻炼了公众演讲的能力。

◇ 天津顶新公司　　促销员　　2010.04

在北京物美大卖场进行周末促销,了解了消费品公司的销售模式,体验了销售工作,超额完成促销任务。

♡　**获奖情况**

2006～2007 学年: 中国农业大学学习优秀三等奖学金;

中国农业大学经济管理学院"三好学生"荣誉称号。

2007～2008 学年: 中国农业大学学习优秀三等奖学金;

中国农业大学十七大征文比赛三等奖;

中国农业大学经济管理学院"三好学生"荣誉称号;

中国农业大学经济管理学院"优秀学生干部"荣誉称号。

♡　**技能等级**

◇ 外语水平:大学英语四级(CET－4)。

◇ 计算机水平:国家计算机等级考试二级 C,能较熟练使用 office 各软件。

◇ 其他:人力资源管理助师、会计证。

修改指南

①个人信息部分：删除了重复的信息。"太简单"同学糊涂地没有留下自己的联系方式，试问你要 HR 去哪里找你啊？这样糊涂的候选人还真不在少数，每年我都遇到几个候选人，要么没写联系方式，要么电话号码少了一位，要么就是不知道怎么搞的还多了几位数字，因为这些原因导致面试官联系不上你，错失一次面试机会，多可惜啊！

②增加了求职目标。让简历看上去目标更明确。

③自我评价部分进行了归纳汇总，且这三点都是紧密围绕求职目标而写，关联性强。

④在社会实践部分重点写了三段经历，每段经历都是和求职目标紧密联系，且在描述的时候有一定的套路：

首先，每段工作职责先突出重点——招聘，培训，系统维护。

其次，每段经历接着进行工作职责的详细描述，其中用到具体数字，如：辅助招聘主管进行面试的安排，包括候选人预约、笔试协调、系统更新。参与杨森夏季医药人才专场招聘会，参与前期与供应商沟通，场地布置，现场疏导，300 人的简历整理等全套环节。

最后，最为重要的是：强调这段经历的结果和意义。如：了解了公司的整体招聘流程，并学到了一定的面试技巧。实习期间圆满完成四场新员工入职培训，无一差错，组织能力得到培训主管的认可。最后的结果意义一定要写啊，写了才完美了！

样本二:"太复杂"简历修改前

个 人 简 历

基本情况

姓　名:太复杂　　　　性　别:男

民　族:汉　　　　　　出生日期:1988.××.××

籍　贯:福建　　　　　政治面貌:团员

所学专业:电气工程及其自动化

学　历:××大学(北京)大四在读

身　高:174cm

联系方式

电　话:13××××××××　　　　E－MAIL:××××@gmail.com

地址:北京市海淀区学院路×号×班　　　邮　编:100083

社会实践

(1)2008年6~9月:北京奥运会媒体村,洲际酒店,维修员、仓库管理员。成功维护12层酒店的设施,使酒店仓库秩序井然。

(2)2009年8月:"海峡两岸一衣带水,新一轮发展看海西"社会调查活动,带领8人实践小组赴福建考察。

(3)2007年6~9月:在诺基亚专卖店当销售员,平均每天销售5台手机。并参与员工的招聘和培训工作。

(4)担任英语协会组织部部长,成功举办"首都高校英语卡拉OK大奖赛"等活动(邀请10所北京市高校来我校参赛)。

(5)院团总支组织部部长,成功举办科技立项答辩等团活动(15支队伍)等。

(6)可口可乐校园经理销售大赛,在300名参与者中晋级至前30名。

(7)在北京五道口摆地摊(1周),销售T恤和拖鞋,净利润300元。

(8)北京血站志愿者,汶川地震时期,服务前来献血的市民。

(9)北京行知小学志愿者,作为体育教师,教授小学生篮球,带领他们玩智力游戏。

(10)北京科技馆志愿者,在儿童馆的各项目轮转工作,服务前来参观的儿童和家长。

(11)实验室完成多项数电、模电、PLC、单片机、EDA、Multism实验。

(12)实验室完成弱电控制强电接线设计等工作。

(13)电工焊接实习。

(14)2010年8~9月:福建省南平市旭光电子科技有限公司。主要负责传感器的研发、制作和测试,跟随销售流程,学到了电子公司产品的生产和销售的流程。

应用技能

(1)外语能力：

英语：CET－6(2010年3月通过565分)、CET－4 588分；

日语：具有一定的日语听说读写能力(正在0至2级日语班上课)。

(2)计算机能力：

熟悉计算机操作，熟练使用office系列办公软件及Internet应用；

掌握C＋＋语言、汇编语言、MATLAB、PLC等。正在自学Linux。

(3)机动车驾驶执照C1。

课 程

◎ 电气工程及其自动化专业课程　　◎ 宏观经济学

◎ 公关艺术　　　　　　　　　　　◎ Dreamweaver 网页设计

◎ Java 程序设计基础　　　　　　　◎ 首饰设计与鉴赏

◎ 影视艺术欣赏　　　　　　　　　◎ 流行舞蹈

◎ 攀岩

奖 项

★ 校"篮协杯"篮球赛冠军；　　　★ "篮协杯"亚军；

★ 社团金奖；　　　　　　　　　★ 优秀寝室；

★ 军训优秀学员。

个人优势

我认为工作就是一场更有挑战性的篮球赛。篮球运动让我成长，发现了自己的优点：

领导力，我在篮球队担任队长，带领院队获得一次校冠军，一次校亚军，带领班队获得三次院冠军。场上以身作则，场下鼓励队友。

团队协作力，我善于团结队友的力量去争胜。

竞争性，我有着咬牙坚持、不服输、敢于挑战的精神。

冷静理性，遇到困难我往往能迅速找到突破口，找到解决方法。

我社会实践经验丰富，从实践中我发现我喜欢与人沟通，团队合作的工作，对市场、服务、销售、策划和组织等方面比较擅长，对细节繁琐的工作也很耐心，适应能力强。另外，我英语能力强，CET－6得分：565分，CET－4:588分，新东方GRE班。

我对日语也有一定认识，正在燕园日语上0至2级的日语课。

我将一生贯彻母校的校训"艰苦朴素，求真务实"，把这种精神发扬到各行各业。

"太复杂"简历修改后

姓　名:太复杂

电　话:13××××××××　E－mail:××××@gmail.com

求职目标:销售代表　售后服务

个人优势:

●团队协作能力:善于团结团队成员力量以获得集体胜利;

●耐力:能咬牙坚持,不怕细节繁琐,不服输,愿意迎接挑战;

●冷静理性:遇到困难愿意思考,找到突破口和解决方法。

教育背景:

2007 年 9 月 ~ 2011 年 7 月　××大学　电气工程及其自动化专业 本科

实践经历:

(1)销售实战

●2010 年 6 月至 9 月　诺基亚专卖店　销售员

平均每天销售 5 台手机,100% 完成销售指标。并参与促销员的招聘和培训工作。

●2009 年 11 月　可口可乐校园经理销售大赛

在 300 名参与者中晋级至前 30 名,深入了解快速消费品行业的销售渠道和销售模式。

●2008 年 10 月　北京五道口摆地摊

销售 T 恤和拖鞋,一周时间获得净利润 300 元,锻炼了与陌生人沟通的能力。

●2008 年 6 日至 9 月　福建省南平市旭光电子科技有限公司　销售部实习生

协助编写部门工作流程,了解电子公司产品的生产和销售的流程。

(2)社团组织

●2010 年 3 月　"海峡两岸一衣带水,新一轮发展看海西"社会调查

带领 8 人实践小组赴福建考察,圆满完成任务,调查报告获得系优秀调查报告奖。

●2009 年 11 月　校英语协会组织部部长,成功举办"首都高校英语卡拉 OK 大奖赛"等活动,邀请了 10 所北京市高校来我校参赛,扩大了比赛的影响力。

●2009 年 8 月　担任院团总支组织部部长期间,成功举办科技立项答辩活动

全校召集了 15 支队伍,成为院史上参赛队伍最多的一次比赛。

(3)公益事业

●2010 年 5 月　北京血站志愿者,服务前来献血的市民。

●2009 年 7 月　北京行知小学志愿者,教授小学生篮球,带领他们玩智力游戏。

●2008 年 11 月　北京科技馆志愿者,在儿童馆的各项目轮转工作,服务前来参观的儿童和家长。

技　能:

●英　语:CET－6 (565 分),良好的英语听、说、读、写、译能力。

●日　语:能够基本交流。

●计算机:掌握 C＋＋语言、汇编语言、MATLAB、PLC 等。正在自学 Linux。

●其　他:爱好篮球等体育运动、二胡十级。

修改指南

①求职目标,自我评价,关注重点这些方面的修改原理同上篇,这篇修改重点想讲的是工作经历太多的时候怎么办。

通常在描述过往经历的时候都是用时间倒叙的方法,把最近的经历放在前面,把最早的工作经历放在最下面。但是当经历特别多,特别杂的时候,就可以用这篇的修改原理,进行分类汇总:销售实战、社团组织、公益活动。这样可以让雇主看到你在这些方面都有涉及。在每一个分类下面再用时间倒述的方法。

②关于兴趣爱好。很多候选人都是多才多艺的,如果你有特别的兴趣爱好,或者特长,其实都可以写在简历最下面。有的读者可能觉得奇怪了:不是说和岗位无关的都不写吗? 是的,只有兴趣特长除外,因为这点能让你的简历更加生动,能让你更加鲜明地区别于其他人,就和高考特长生加分一样,在同等条件下企业也更愿意挑选有文艺体育特长的候选人,以后开个运动会,组织个文艺活动,有特长的都是人才啊! 但是千万不要为了让自己显得特别而编造一些才艺,万一等入职之后露馅了,对企业来说,这就是不诚信的行为。企业会怀疑你不仅才艺的信息是假的,别的更多的信息都是虚假的,进而对你整个人的道德品质产生了质疑,这就得不偿失了。

6. 求职信的"补刀法"

通常求职信的用法也就是在你发邮件投递简历的时候,你的求职信写在文本的正文里,你的简历是贴在附件上,同样遵循简洁明了的原则,我们建议求职信就写三段。

亲爱的××先生/女士

(第一段)写明写信的理由,应聘的职位及从何处得知的信息。

(第二段)叙述你的应聘动机和自己认为适合该职位的理由,

如果有与应聘职位相关的任职经历及技术等,应加以说明。这里不要详述职业经历的内容,只需提及参见简历即可。

(第三段)感谢雇主阅读了此信,表示希望接受面试。

落款签名

范例:

尊敬的人力资源经理:

我从 JSmart HR 的官方微博上看到你们在招聘猎头顾问,特附上我的简历,希望能应聘这个岗位。

我毕业于英国利兹大学人力资源专业,获得学士学位,回国后在百事可乐北京分公司从事了五年的招聘工作,我的很多学长都是通过猎头的帮助,获得了更好的工作机会,从而实现了自己的职业发展理想,这也让我觉得猎头是一份非常有意义的工作。我相信我扎实的人力资源理论基础,五年招聘面试技巧的积累,对招聘渠道的理解,和在快速消费品行业的人脉积累,将让我很快上手成为一名合格的猎头顾问。更多的业绩表现和能力特质请您参阅附件中我的简历。

感谢您在百忙之中阅读我的邮件,诚挚地期待与您的面谈。我于本月15~18日因故不在北京,其他时间都可以来参加面试,非常感谢您的安排!

预祝工作顺利!

王　欢

7. 简历投递的技巧

可能写完简历，大家就觉得大功告成了！且慢！你真的知道如何专业地发简历吗？孰不知，在简历投递的过程中也是很有技巧的。

首先，你发出去的简历到底用什么格式？到底是用 WORD 还是 PDF？我的建议是能用 PDF 是最好的，这样就显得更专业。但是，也看你应聘的公司的类型，因为并不是每个公司的电脑都能打开 PDF 的文件的，所以我建议当你投一些传统行业、事业行政单位的时候用 WORD，同时也建议大家都保存成 2003 版本的，别让某个系统没升级的 HR 打不开你简历，那就太悲催了！

其次，你的简历要从哪里发出去？很多同学会说，就从自己的信箱发啊，这多简单的事情啊！是啊，就是认为这很简单，所以我经常会收到来自"午夜的杀手"，或者"寂寞的玫瑰"的简历，通常他们也都会直接进到我的垃圾箱里，而不是收件箱，即使进到收件箱的时候，打开"午夜的杀手"的简历时，我的心情也是极度紧张和复杂的……

从你投递简历的那一刻起，你就在树立自己的专业形象，因此信箱的名字也很重要，尤其是显示出来的名字。我建议注册个信箱专门用来找工作发简历，名字就是自己的真实名字，这样也便于管理你的投简历记录。

还有就是公司收邮件基本上都是用的 Outlook 或 Foxmail，我们建议在自己的电脑上使用下载这个软件，保证自己发出去的简历，对方收到时格式不会变乱，影响美观。

最后，起一个简洁明确的标题，我的建议是写清楚××应聘××岗位，非常明了，也便于日后对方查询。例如：陈亮应聘平面设计师。

8. 常见问题

我的简历上要不要放照片？

很多候选人会觉得自己姣好的容貌是求职的优势,殊不知"长得好看"和"获得好的第一印象"是两个概念。美本来就是很主观的,你欣赏的美未必是我欣赏的。对于手工筛选简历来说,如果你的照片引起面试官的反感,很可能会让你丧失了一次面试机会。所以我们的简历应该尽可能专注在对这个岗位的核心竞争能力,而非自己的外貌。

对那些自认为特别上相的读者,我要讲个真实的故事。

有一天,我的同事刚打开一份简历,就特别花痴地喊道:"这个帅哥好帅啊!"大家纷纷围过去看,简历上的小伙果然非常精神。这个花痴的同事立马私心大动,电话邀约了这个候选人来参加面试。等到面试那天,前台通知候选人到了,部门的小女生都佯装取快递、打水,去前台一看究竟,但回来以后一个个诡异地相视一笑。我这位花痴的同事有点奇怪,但依然打印好了简历,照了照镜子就去前台了,没想到没过多长时间她就回来了,一坐下来就嚷嚷:"哎呀,这本人和照片差距太大了,这哥们儿PS的技术不错啊!"面试的结果可想而知。

虽然这个同事的行为不太专业,但是这个故事想表达的意思是,如果你照片特别好看,也会给面试官较高的期望值,等见到"本尊"发现有落差后,面试官对你的印象也会有落差,这都会影响面试官的客观判断。

因此,除非招聘单位要求附上照片,否则不建议在简历上放照片,即使放,也建议大家去照张得体的、精神的照片。千万不要放那种手机自拍,从上往下,嘟着嘴,戴着夸张的眼镜,卖萌的那种。这无疑是求职自杀!

还有人要问:没有实习经历怎么办,成绩不好怎么办?

请用避重就轻的战略!首先,自己明确求职目标;其次,找到自己对这个岗位的能力的匹配。并不是所有岗位都要求你有丰富的实习经历或必须拿一等奖学金的,对自己要有信心!虽然没有实习,是不是自己在学校社团活动方面有突出之处?自己的业余爱好方面有无过人之处?成绩不好也同样,要知道,进了社会之后,大学课本上真正能应用到的知识非常有限!尝试发现自己的优势,树立自己的信心!

B. 扩展你的求职渠道

很多朋友都在抱怨：我投了那么多简历，怎么都石沉大海，一个回应都没有？我身边也有很多 HR 的同行都在抱怨：这些候选人都去哪里了？为什么我一个好的候选人都找不到呢？一方面企业有大量的空缺，找不到员工，另一方面求职者找不到合适的岗位，双方信息的不匹配造成了这种尴尬的局面。那作为一个求职者，我们怎么能做好自身准备的时候，先于别人找到市场上空缺的职位呢？这里给大家支几招！

1. 发掘隐藏的就业市场

该去哪里找工作呢？首先，我们要明确一个就业市场的概念，就业市场除了我们可以看到的显性的市场，还存在一个隐藏的就业市场，这是两种截然不同的平台，都能帮助你发现和开发潜在的就业机会：

✿ 可见的就业市场：这通常是通过新闻媒体、互联网或招聘公司公布在外面的工作机会。在这个平台上找工作通常被视为被动的求职策略。

✿ 隐藏的就业市场：因为现在岗位的员工突然离开，或出现一个项目或新问题，或由于架构重组产生了岗位空缺而尚未公开发布的招聘职位，通过自己的人脉或主动寻找，在这些岗位尚未公布之前进入到目标岗位的候选人名单中。这被看作积极地寻找工作的策略。

在可见的就业市场上，现在很多候选人习惯于看网络招聘信息：

①传统的三大社会招聘网站：智联招聘、前程无忧、中华英才等；

②社区型的招聘网站：大街网等；

③分类信息的门户网站：赶集网、58 同城等；

④区域型的招聘网站：南方人才网等；

⑤行业性的招聘网站：建筑英才网，中国医疗人才网等；

⑥针对应届大学毕业生的网站：应届生、过来人等。

其实,如果你有非常明确的求职目标,比如你就要去互联网公司的新浪或58同城,那你不妨关注这几家公司的官方网站,他们通常会在上面刊登自己的招聘信息。

2. 积极主动的求职策略

即使你在以上的渠道中看到的招聘信息非常多,但这也是被动的求职策略。这意味着,你看到的信息,别人也能看到,你的竞争对手是非常多的!

那如何在求职的过程中出奇制胜呢?积极主动求职策略就是必胜的法宝!

这种策略的核心是基于建立自己的求职网络。求职网络可以由两部分构成:

(1)利用你现有的人脉网络获得推荐面试的机会

开发一个积极的就业市场,无非是用好现有的人脉网络。一方面通过和他们的交流,获得更多求职建议,增加自我认知,更好地明确未来的方向;另一方面也获取更多的就业信息。大多数人低估了自己的网络。

2004年我做猎头的时候,帮助客户成功推荐了63名候选人入职。后来我做了个统计,发现85%成功职位的候选人都是来源于朋友的推荐和介绍。你看,有这么多人都是通过朋友的介绍获得了新的工作机会。

那你身边的人都有谁呢?父母,亲戚,毋庸置疑!朋友,同学,老师,前任同事,邻居,猎头顾问……如果开始找工作,就让身边所有的人都知道你在找工作,有时你的联系人他们可能不是在你所选择的领域中的主要决策者,但可能帮助引荐其他人。发动他们帮你扩散你的求职信息!多一个朋友提供信息,你就多一个成功的机会!

(2)通过主动寻找获得新的机会

除了让朋友帮助推荐以外,如果你对自己想去的行业、公司、岗位非常之明确,那就 Go for it!你可以主动打电话到目标公司,了解他们是否有岗位空缺,可以主动递送简历,进入他们的人才库。不要觉得这很丢脸或很疯狂，要知道，爱因斯坦也是这样找工作的哦！

爱因斯坦大学毕业后，在一年多的时间里都没有找到一份哪怕是仅供糊口的工作。想想自己已经成年，还要让年迈的父亲为自己而操心，爱因斯坦非常沮丧，也下定决心一定要找到理想的工作，让家人放心。

有一天，爱因斯坦无意中在杂志上看到一则介绍德国伟大化学家奥斯特瓦尔德的文章，文章中把奥斯特瓦尔德称作"科学伯乐"，因为他曾发现并培养了许多科学人才。爱因斯坦想到了向奥斯特瓦尔德自荐，于是他写了一封信给奥斯特瓦尔德，希望能在奥斯特瓦尔德身边谋得一份工作。但信寄出去后，过了好久都没有收到奥斯特瓦尔德的回音。爱因斯坦怀疑信件会不会在途中被邮局弄丢了，所以，他在几天后给奥斯特瓦尔德寄了第二封自荐信，但与上封信一样石沉大海，杳无音讯！

"这究竟是怎么了？难道是地址有误吗？"爱因斯坦困惑极了，他再次详细地对照了奥斯特瓦尔德的实验室地址，发现自己并没有写错，"就算是地址有误，邮局也会把信件退回来，这究竟是怎么了？"

爱因斯坦心想，可能是奥斯特瓦尔德忙于工作，一时没空拆信而搁在哪个角落里忘记了吧！于是爱因斯坦给奥斯特瓦尔德写了第三封信，这次他用了一张明信片，他心想，这样奥斯特瓦尔德总应该可以顺利看见这封信的内容了吧！

让爱因斯坦意想不到的是，这张明信片寄出去一个月后，依旧没有收到奥斯特瓦尔德的回信。

"奥斯特瓦尔德一定是太忙碌了！我必须为他节约更多的回信时间！"爱因斯坦心想。几天后，爱因斯坦又拿笔写起了第四封信。这次，他不仅是再次采用明信片，而且还在明信片的反面，捎带上一个写着爱因斯坦自己地址的回信信封！

爱因斯坦的父亲看见这情形,心疼地对他说:"我看还是算了吧,不要再做这种无谓的努力了,可能奥斯特瓦尔德并不认为你是一个值得培养的人才!"

"不,父亲! 我的努力不一定会给我带来满意的结果,但如果不努力,却代表着绝对不会拥有满意的结果!"爱因斯坦说。

这连回信用的信封都捎上的第四封信寄出去以后,爱因斯坦满怀信心地足足等了一个多月,但是很遗憾,他依旧没有收到任何回信。就这样过了大半年,爱因斯坦准备写第五封求职信。那天清晨,在没有任何心理准备的情况下,邮递员敲开了他的家门,爱因斯坦收到了一封来自瑞士伯尔尼专利局的来信,邀请爱因斯坦就职于一个专门审查各种新发明的技术职位,并且希望爱因斯坦能接受。

奥斯特瓦尔德与瑞士伯尔尼专利局并无任何瓜葛,为什么写信给奥斯特瓦尔德,却收到了瑞士伯尔尼专利局的邀请? 这是怎么回事呢?

原来,在爱因斯坦寄出第一封信的前几天,奥斯特瓦尔德已经搬离了实验室,而爱因斯坦寄去的所有信件,都被塞进了实验室外那只已成摆设的邮箱里! 奥斯特瓦尔德在这个实验室工作的时候,有一位年轻的助手,他在奥斯特瓦尔德搬离实验室之后就去了瑞士伯尔尼专利局工作。有一次,那位年轻助手在途经昔日工作过的实验室门口时,无意地在那座空房子门口来回走了走,而正因此,爱因斯坦的所有信件才得以被发现。更加让人无法置信的是,奥斯特瓦尔德的那位年轻助手,就是爱因斯坦的大学同学和朋友——格罗斯曼!

对于爱因斯坦的才华,格罗斯曼是绝对了解的。凭着这些信件,他向自己所在的专利局推荐了爱因斯坦,恰好当时专利局设立了一个专门审查各种新发明的技术职位,于是专利局迅速向爱因斯坦发来了邀请函。就这样,爱因斯坦终于凭着四封自荐信,成功找到了自己理想的工作。

你看，连这么伟大的发明家都有这么长时间找工作的苦难经历，我们凡夫俗子找工作辛苦点又算得了什么呢？更何况在互联网时代，已经不必辛苦地拿笔写信和一遍一遍地跑邮局了，只需在家轻点鼠标，发送邮件就可以了。所以，别再抱怨，明确了自己的目标就主动出击吧！

还有个很重要的求职策略是让公司内部员工帮助做内部推荐！在企业人力资源部的招聘渠道中，内部推荐一直都是很重要的渠道之一。在我任企业 HR 的时候，每年统计招聘渠道，都会发现员工内部推荐的候选人能占到三分之一。对企业来说，内部推荐能提升员工的企业忠诚度，推荐员工都会比较负责，因为推荐的候选人质量也代表了员工自己的水平，对 HR 来说通常内部推荐的候选人都比较靠谱。而且，如果内部有推荐人，推荐人也能帮助你提供尽可能多的公司内部信息，有助于你了解这家公司是否适合你，甚至帮助你准备面试。所以想办法让目标公司内部的员工帮助推荐吧！不要觉得你不认识目标公司的员工，研究表明，世界上的任何人都可以通过六次联系，或者更少的次数，与世界上几乎任何一个其他人取得联系。只要你想找，一定能够找得到！

前面我提到的好朋友 Fabio，他每次换工作，基本上都是他的同事朋友内部推荐而获得的面试机会，从而成功地找到更好的工作。这样成功的案例不在少数！而且，现在越来越多的企业也加大了内部招聘的推荐力度呢！

（3）如何利用社交网络求职

LinkedIn、微博、微信这些新型的社交网络已经越来越深入地影响着我们的生活，当然包括求职的方式。现在这些新的社交媒体上，也有越来越多的求职信息，特别是 LinkedIn，很多猎头和 HR 都会在上面发布招聘职位，可以多关注这些新媒体，并保持和你目标对象的互动，从而引发对方的关注！同时，你可以关注很多行业的群组，比如互联网行业群、零售行业群等，通常这些群组里也会有很多工作信息。你也可以在 LinkedIn 上找到目标公司的 HR，直接发简历给他们。

LinkedIn 本身也有定向推荐职位的功能，它会在你的个人页面向你推荐你可能会感兴趣的职位，你也可以定期关注。

当然,很重要的是,如果你的微博、微信是准备给你未来雇主看到的,你就特别需要注意在你的主页上所传达的信息!尽量减少容易引发对方反感的信息,不要在微博上抱怨工作,需要坚持"面对面原则",即当面禁忌的事情,不能说的话,在你的网络社交媒体上也不能说,这种职场的禁忌在网络社交媒体上同样适用,尤其是涉及政治、宗教、性取向等敏感话题。不要因为你非常私人的信息影响未来雇主对你专业能力的判断。

以前一些重要职位的招聘,除了传统的面试,还会通过邀请候选人和公司管理层一起吃饭等特定的情景来对候选人做全方面的了解,现在有了网络,对一个候选人的了解会更加公开透明。你在微博、微信上所发的文字、照片,所转发的内容都会展示出你的性格、生活方式、品位、爱好、你的生活圈子,会展示出更全面,更真实的你。我已经听说现在有的公司在面试的时候就会增加一个环节:索取候选人的微博或微信,通过上面的信息更全面地了解候选人。现在很多新媒体营销的岗位招聘时甚至对候选人微博账户的"粉丝"数都有要求。

所以,如果当你要开始运用新媒体成为你的求职工具,先好好看看上面有没有需要删除的信息,然后好好地经营你的社交网络,在移动互联上塑造你的专业形象吧!

(4)如何申请内部职位

如同前面提到的职业发展计划并非只有跳槽一条路,在现有的工作单位内部寻求更好的发展也不失是个好方法。那么,在申请内部转岗的时候,有些什么注意事项,能让自己转得更顺利呢?

内部职业转变比较顺利的不乏其人,我印象深刻的是 Daisy 的例子。

Daisy 原本是雀巢广州办事处的前台,当时前台还是第三方的编制,不是公司正式员工。不过 Daisy 可不像有些第三方员工那样只满足于做好自己的工作就可以了,她本身就是热心肠,工作也非常干练利落,遇到谁都热情地打招呼,有别的部门需要她帮助的时候也都积极主动,大家对她的工作能力也都非常认可。北京总部办公室搬迁的时候，负责行政的经理正在孕期，产假将至，部门人手又不够，将她紧急调到北京做短期支持。

Daisy 从广州到北京，克服了水土不服和环境不适应的问题，一如既往地热情主动，很快和各部门打成了一片，顺利地完成了办公室搬迁项目，她也在北京总部树立了口碑。分管行政后勤的副总留意到她的得力和能干，刚好今年部门还空一个人员编制，就和她谈到北京做一个行政主管，在行政经理休产假期间代理其工作。Daisy 虽然对北京的气候不太适应，但想到这是个难得的机会，她欣然同意。

时间飞逝，在总部工作了两年，行政管理的工作可谓是得心应手，此时家里父母也在逼婚。想到自己长期在北京，父母慢慢年龄变大，不在身边也不是个事情，Daisy 也开始考虑自己的下一步发展。虽然行政工作做了几年，也得心应手，但自己总不甘心只做内勤，而且总觉得这个岗位可取代性比较高，也不是公司核心的岗位。自己还年轻，希望到创造价值的一线部门去锻炼锻炼。于是她找到了我，提出了希望回广州的想法。

我问："那你准备去广州做什么呢？"

Daisy 非常自信地说："我觉得我可以做销售。一是因为销售非常锻炼人，二是我也很适合。"

"哦。"我问道，"那你说说你怎么适合？"

"你看，我们公司的销售工作一是需要能面对压力和挑战的精神，二是要有娴熟的产品知识。我从广州到北京总部来工作，其实很多人不理解，在广州办事处多好，每天也没什么事情，到点就可以下班，可那不是我追求的生活，我还是希望能更有挑战的工作。我在很短的时间内就熟悉了总部的工作流程和组织架构，而且综合协调装修和各部门的搬家到位，保证了按时按期，也得到了CEO 的认可。我在北京这两年，也不满足于简单的日常行政管理工作，每年都在节约增效，为提高服务质量方面想办法，一年一个样。这些大家都有目共睹。

"另外,说到产品知识,别看我不是科班出身,我对咱们这个领域也非常有兴趣。每次帮业务部门组织安排产品讲座,经销商大会的时候,我除了做好我该做的行政协调工作,我也都很认真地在一边学习呢,不信我给你讲讲我们的产品特点……"

我这才发现,原来Daisy还真是个有心人,"嗯,好吧,那我帮你留心广州的空缺。可是你走了,你现在的岗位可怎么办呢? 分管后勤的副总能愿意放你吗?"

Daisy笑着说:"你看,我父母天天催我回广州,你和老板也不愿意看我辞职,让公司流失个人才吧? 更何况,转岗还是在公司内部继续贡献我的价值啊! 至于行政主管,我给你推荐个人选,你看我们部门的秘书小枫如何? 她可是非常稳重细心,也踏踏实实的,你考虑下。"

"这么说倒是,我也愿意你回广州发展,可是不知道南区经理要不要你啊,毕竟你没有销售经验啊!"

"哈哈,这个你放心吧。我上次回家刚好和南区经理一个航班,我侧面表达了想去她部门的想法,她可是很高兴哦。"

"嘿,你真行,什么工作都让你做到位了!"

后来,Daisy如愿回到了广州办事处,现在正奋战在一线销售的岗位上。从她成功实现两次内部的转岗不难看出其中的关键点:

①明确自己的目标

任何职业发展都离不开清晰的自我认知和明确的职业发展目标。Daisy第一次转岗是单纯地想从第三方员工转成正式员工,到总部工作。第二次转岗既有要回家发展的原因,更是基于对自己兴趣和特长分析后得出的结论。

②好的人脉

相信如果平时Daisy没有和大家建立融洽的关系,自己积极主动,随时帮助别人，在她需要帮助的时候，别人也不会帮她。目标岗位的上级，公司的 HR，都会在关键时刻发挥重要作用！

③多关注公司动态

如果明确了自己的需求，最好时时关心公司的动态，比如目标岗位上人员的异动，公司新的战略的调整，组织架构的调整。不要等到目标岗位上招到人以后，自己才去申请，这时候就太晚了！

④提前做好铺垫工作

铺垫工作可是很重要的哦，在很多大型的组织里，内部调整虽然机会多，但是程序复杂，可能某一个环节出了问题，就无法转岗了。因此事先需要了解转岗的各个关键环节，各个击破。

当然，最重要的还是自己对下一份工作是否做好了准备，比如，Daisy 提前学习了公司的产品知识，提前和新的老板表达了诚意，提前给自己找好了接班人。准备工作做的这么到位，当然转岗顺理成章啊！

⑤不得罪现任

转岗的理由千千万万，但归根到底，自己还是希望在公司能稳定发展。因此没有必要因为转岗和现任老板撕破脸皮。坦诚地向现在的老板表达自己的发展意愿，协商好离开的时间，做好充分的交接工作，为接手工作的同事做好准备，不要在背后说原来部门和老板负面的信息，这样转岗后才能真正舒心踏实地工作，从而在职业发展的路程中稳步前行！

职场扫盲：猎头，我们做朋友吧

◎ 如何借助猎头找到好工作呢？

全球 70% 左右的高级人才流动是由猎头公司协助完成的，当然在中国的就业市场上，这个比例没有那么高。

猎头行业的发展也是非常迅猛的，记得在 2003 年我刚进入猎头行业的时候，据说全国只有 3000 家猎头公司，现在可能仅北京、上海、广州这三个城市的猎头公司都不止这个数字了。猎头公司的飞速发展，也让猎头也成为越来越重要的招聘渠道之一。在猎头的手上,经常会有你在市场上看不到的好的工作机会。那应该如何与猎头打交道呢?

首先,你需要知道和你沟通的对象是谁。猎头公司通常是两种角色,访寻员和顾问,他们的职责有所不同。访寻员更多的是通过陌生电话、朋友介绍、通讯录等形式联系到你,了解你的基本信息和是否愿意看机会;顾问会对你进行更深入的面试,负责向客户推荐你,并协调跟进面试反馈。

因此,当你接到访寻员的电话后,需要确认这个机会是否是自己想要的机会,如果是,那简单介绍自己的优势强项,等待安排进一步的面试,也可以把自己需要了解的问题先告诉访寻员,让她先和顾问沟通,尽早从客户那里了解到全面的信息。

其次,你需要告诉猎头你的真实信息,如果你不能信任猎头,你们就不能很好地合作,就无法最终达成共识。

Eric 曾经遇到过这样一个案例。

当时他正在给高端化妆品品牌兰蔻招聘一个区域经理,Eric 在公司的人才库里找到了顾小姐。人才库的资料显示顾小姐最后一份工作是在资生堂工作。

当 Eric 和顾小姐确认是否还在资生堂工作的时候,顾小姐撒谎说是的。Eric 在给她做了推荐后,一路面试下去,见到了全国销售总监。没想到,全国销售总监的爱人就在资生堂工作,他回家一问,了解到顾小姐很早就离开了,于是马上通知 HR 暂停招聘这个候选人。

后来 Eric 也被 HR 狠狠地批了一顿。Eric 非常委屈,通常候选人都是在客户准备录用之前才会做背景调查,谁知道顾小姐一路伪装得特别好。后来 Eric 问到顾小姐为什么不坦诚告之其最新的工作状况,顾小姐说,担心公司知道自己已经离职了,后面就谈不好价钱了。Eric 很坦诚地告诉她,对于很多大公司,每个职位都是有固定的薪酬范围,会根据候选人的能力、经验来判断,是否在职不是一个主要的衡量标准,如果被发现之前的经历有隐瞒或不实,就上升到了道德的层面，就不是能不能谈个好价钱，而是根本都不能用你的事情了。

如果顾小姐早点和猎头顾问沟通自己的真实情况，猎头顾问也会找到合适的角度去和企业沟通，不至于最后丧失工作机会和影响自己的行业口碑。

最后，对猎头有正确的期望值。猎头是帮助企业来找合适的候选人的，并不是帮候选人来找工作的。所以当你认识了一个猎头后，不要单纯地认为他马上就能给你找到好的工作机会，因为如果他手上没有适合你的工作机会或者你根本不匹配他手上的职位，猎头是帮不了你的。

◎ 那你从顾问那里可以了解到什么呢？

①对自己全面分析判断。通过和猎头顾问的沟通，要分析判断自己的价值观、技能优势，判断这份工作是不是真的适合自己。

②全面了解市场信息。通常猎头顾问为了招聘一个岗位，会在市场上进行地毯式地搜索，会对市场上同样职位的候选人进行全面地沟通。那自己可以借助猎头顾问的视角来看看自己在市场上处于什么样的位置，自己还需要在哪些方面提升技能，增加自己的市场价值。

③了解公司的信息。猎头顾问帮助你了解这家公司的市场前景，公司的组织架构，上级的领导风格，职位空缺的原因，这些信息都有助于你对这份新的工作做出正确的判断。这些信息自己可能很难获得，但是猎头顾问有责任帮助你了解这些信息。

④通过猎头给自己争取好的薪资。猎头的佣金通常是候选人年薪的一个百分比，所以候选人薪资越高，猎头的佣金也越高，从这个角度，猎头会很自然地帮你争取好的薪资待遇的。

◎ 怎样才能让猎头发现你呢？

（1）成为行业内的专家

猎头，猎头，猎的是各个行业的"头"，这个"头"不只是简单的带团队的领导者,更要是行业的资深人士。所以苦练内功,让自己真正地有实力,猎头才会盯上你!

(2)建立良好的口碑

成为专业的人士并不代表口碑就好。我就清晰地记得我做猎头的时候,在系统里找到了一个候选人白先生,他最后一份工作是在一家知名地产公司担任高级招聘总监,可是很奇怪,他离职以后空闲的时间特别长。后来我们公司专门做人力资源职能岗位的高级顾问 Wendy 告诉我,白先生因为在所在公司找供应商索要回扣,遇到不愿意给的猎头就百般刁难,在猎头圈里名声特别不好,受贿事情暴露后被公司开除,他自己拉不下脸来主动找以前刁难过的猎头。圈子里的 HR 都知道他这个问题,自然谁都不会招他。空有那么多年的经验和好的公司背景,没有好的口碑自然无人问津。

要想建立良好的口碑,除了在本职工作中做出成绩,做好每份工作的平稳过渡,还可以通过参加行业论坛,或者在网络专业论坛或刊物上出版自己的论文,发表自己的观点来提升自己的专业度。

(3)提升网络知名度

都说没有互联网思维的企业是没有未来的企业,没有互联网思维的候选人也是很难被猎头发现的。如果你自己在 Google、百度上找不到自己的名字,那说明你的网络知名度非常底,至少你可以在 linked in 和猎聘网上注册刊登你的简历,在相关的专业群里发表观点,和猎头进行互动,还可以发布实名认证的微博,这些方法都可以增加你的互联网曝光度。

(4)建立专业人脉

在中国,大家都讲究关系,这个关系从某个角度来说就是建立自己的人脉。现在各个知名的 MBA、EMBA 的学费越来越贵,已经从一二十万元涨到了五六十万元,即使如此,每年还是很多人前赴后继地去报名。对他们来说,MBA、EMBA 的学习不仅仅是取得一个证书,获得一个文凭,增长自己的学识,最主要的是拓展自己的人脉。

不是每个人都有条件去通过读 MBA 建立自己的人脉,那有什么办法能建立人脉呢? 其实最简单的办法就是帮助朋友介绍工作。正如本书开篇提到的 Fabio，他是一个热心快肠的人，每次有同学、同事请他帮忙介绍工作，他都特别上心地帮忙，还主动帮朋友修改简历，遇到猎头联系他，他自己不考虑的时候，他也主动推荐有意向的朋友给猎头，这样自然周围的朋友和圈里的猎头都愿意和他交往。

我想，和猎头打过交道的朋友都知道，当猎头发现你不太合适这个岗位，或者你自己对猎头提供的职位不感兴趣的时候，猎头最后在电话里都会问一句：那你有合适的朋友可以帮助推荐吗？很多人会觉得这时候已经和自己没有什么关系了，很少有人像 Fabio 那样真的上心把这个事情当成自己的事情，其实在猎头的心中，特别是当你不适合这个岗位的时候，能够帮助推荐朋友这是你体现最后价值的时候，更何况这是双赢的举动！

（5）参与媒体活动

作为企业的代表，总是会有机会参与企业组织的对外活动，比如品牌公关活动、大型公益活动等。在这些活动上积极主动地表现，接受媒体的采访，也能增加对外曝光，增加别人对你的了解。

◎ 如何判断和你联系的顾问是否是好顾问呢？

我的回答是：关键看人，而不是看猎头公司的品牌。

其实，猎头公司是个智力密集型的公司，访寻、推荐这些工作都是每个顾问独立来操作的，因此顾问的质量好坏非常之重要，千万不要一味迷信公司的品牌。更何况目前在猎头界，在 HR 的心中并没有对猎头公司的三六九等划分，唯一能衡量的标准就是这个猎头能帮 HR 找到多少合适的人选，关掉多少职位。哪怕是三五个人的小公司，只要能帮助 HR 关掉职位，HR 就会愿意长期持久地放职位给他。反而是一些规模比较大的猎头公司，因为市场拓展的能力比较强，所以每个顾问手上的职位多，使他们在做职位的时候挑肥拣瘦，不像小公司那样珍惜每个手上的职位，更容易得罪客户。

所以在接到顾问的电话时，不用太在意他来自哪家公司，猎头公司的品牌并不能给你的职业发展加分。我有几个特别要好的朋友，经常问我："你知道这家猎头公司吗？这家猎头公司好吗？"我都会反问："你是要去这家猎头公司面试吗？如果你不是要加入这家猎头公司，它的品牌好坏、公司规模大小和你没有一毛钱的关系。真正和你关系紧密的是给你推荐机会的顾问是否是一个专业的顾问。"

衡量顾问的水平有几个关键的指标，可以和大家分享如下：

首先，这位猎头顾问是否能给你足够多的客户信息；是否能帮你客观地分析自己的优劣势和与该职位的匹配度；是否能帮你分析行业的前景和公司的前景；在和你沟通之前他们是否做足了功课，是否一问三不知。

其次，顾问能否给予你反馈和建议。我在企业做 HR 的时候，也经常接到猎头的电话，有的猎头职位介绍得还很清楚，但是当我介绍完自己的情况，请他帮助我做分析的时候，猎头就说不出什么有价值的话，只是一味地说这职位好啊，这公司好啊，但说来说去也说不出好在哪里。真正有价值的顾问不是一个话筒，只做信息的传递，而应该是一个信息收集、整理、汇总、反馈的职业顾问，帮你分析利弊，预测风险，提出建设性意见。这样你和顾问的沟通才能真正互动起来，对你来说才是有价值的。

最后，就是跟进了！这是体现顾问责任心和专业度的问题。在职位的进行中，可能客户那里有各种各样的变化，每轮面试时间的协调，每次面试前的辅导和面试后的跟进，帮你拿到最详细的面试反馈，这些都是考验猎头顾问功力和专业度的重要指标！现在市场上很多猎头都是虎头蛇尾，开始还挺热乎的，过程中慢慢就没有了消息，好像人间蒸发。其实，就算不合适这个职位也没关系，但是没有反馈就很不负责任，而且猎头顾问和候选人也应该基于长期发展的思路去交往，不应只着眼于眼前的短期职位。

让猎头了解你的优势和期望，了解你的价值观，从而在他的人才库里挂上号，一旦有合适的职位出来，猎头自然第一时间就能想到你！所以，找个专业的猎头，和他做朋友吧！

◎ 常见问题："霸王面"好不好？

这是一个让很多人纠结的问题，特别是对应届毕业生，如果没有接到面试通知，但是知道了组织面试的地点和时间，要不要去试一下呢？

我的建议是：首先需要了解下这家公司的风格，如果他们之前有过接受过"霸王面"的例子，说明你就有戏；如果从来都没有，那我建议你如果不是非要"生是它的人，死是它的鬼"，就不要去自取其辱了，还是用些迂回的办法，比如内部推荐。

其次，很多"霸王面"不成功的例子，都是因为候选人太没有眼力劲儿，看到现场 HR 本来时间就很紧张，非常繁忙，还要上去打扰，甚至纠缠，这样只能留下不好的印象！

那么，成功的"霸王面"该怎么做？

第一，尽量不要打扰对方正常的组织工作，抽空去找 HR 介绍自己。

第二，如果现场好几位 HR，先观察下哪位比较面善，比较好说话。找位和蔼可亲的 HR 去介绍自己。上前去介绍自己的时候，一定要言简意赅，突出自己的优点，态度一定要诚恳！不要上去啰里吧嗦，说了半天对方还不知道你要表达什么意思。

第三，如果是参加集体面试，一定注意观察，通常每场面试都有爽约的候选人，乘这时候抓住机会，和 HR 说，如果这场人不满，是否我可以作为候补人选参加呢？

第四，哪怕开始真的没有参加的机会，也不要轻易放弃。我印象很深的是在一次校园招聘的时候，一个要"霸王面"的同学被我们拒绝了以后，并没有马上离开，反而主动当起了志愿者，帮我们维持秩序，叫号码，最终打动了我和我的同事，在当天结束的时候给他安排了一个单独的面试。

所以，是否能获得机会，关键看你是否真的努力争取！自己是否有足够的实力和诚意！

目 把握面试：
超级"面霸"的自我修养

A. 面试前的功课

1. 面试的基本准备工作

还记得很多年前的一天晚上,和好朋友 Henry 一起吃晚饭,他不经意地说道:"我明天下午有个工作面试,是宝马公司的品牌经理的职位。"我忙说:"哎呀,不好意思,那我们吃快点,你早点回去准备准备。"Henry 一脸茫然地看着我说:"要准备? 为什么要准备?"

我问:"那你是准备跳槽吗?"

Henry:"是啊。"

我:"那你为什么要跳呢?"

Henry:"我现在的老板太变态了,对我的工作横挑鼻子竖挑眼,也没有工作上的专业指导,就知道骂! 而且去年年底加薪,给我的比例也非常低,跟着这样的老板没奔头,当然要换工作了。"

我:"这就对了,你看,你换工作一是觉得和现在的老板工作不开心,希望找个能教你的老板,同时你还希望通过跳槽,让自己的收入有所增长,是吗?"

Henry："是的，你说得对。"

我："那你看，如果你能通过面试，获得这份工作，首先，是不是你的收入马上就会有变化？其次，你也能开始和新的老板相处，是不是会改变你现在不开心的现状？"

Henry："这倒是，确实很重要。"

我："那我问你，你知道他们对这个岗位的要求是什么样的吗？你知道他们公司的风格是什么吗？你知道你应聘的优势是什么吗？"

Henry张着嘴巴看着我，我这一连串的问题，把他问住了，他挠了挠头，"这些问题我还真没想过。好像有点模糊的概念，但真要我说，好像又不能说得很准确。"

我说："我刚才问的是最简单最基础的问题，如果现在就是面试，我就是面试官，像你现在这样毫无准备，这三个最基础的问题你都不清楚，你觉得你能通过面试吗？"

Henry："哎呀，我还真没意识到这个问题。"

我接着说道："是啊，其实你是一个典型的代表，大部分人对面试根本不在意准备的环节。回顾我们成长的经历，小升初，初升高，考大学都是无比的大事，特别是高考，是所有人倾注全力的准备。为什么呢？因为高考考好了，能够上重点大学，读个好专业，以后好找工作！可是事实上，有了大学文凭，真的就好找工作吗？如果通不过面试，好工作会自己跳到你的碗里吗？很多没有名牌大学文凭的候选人，如果在面试中发挥得好，同样能得到心仪的工作！如果没有理想的工作，可以说对你的社交圈子，生活品质，甚至婚姻家庭都会有很大的影响。可见，面试的重要性非同一般，是不是应该好好准备下呢？"

Henry："那面试应该如何准备呢？"

第一，你需要关注一下目标公司的官方网站、官方微博和微信，了解一下公司的基本信息:销售额、人员规模、发展历史、宣传的价值观、产品信息。同时在网络上搜索下最近的相关新闻,了解目标公司的动态。

第二,如果去面试的公司是有实体店或产品的,可以先到所在的市场去看看相关品牌的市场情况,到百货商场看看他们的专柜,或到超市看看他们的货架陈列。比如,如果你要面试的是家汽车公司,你可以看看你身边有没有开这个品牌汽车的朋友,收集下他们对该品牌车的性能,价格,质量,服务的反馈,你也可以到该车的官方经销商店去实际看看,一是对品牌有更直观的了解,二是能发现一些情况和信息,作为面试中沟通和提问的谈资。

第三,再看看你应聘的岗位的职位描述,根据对工作职责的具体描述,评估下是否是自己能够胜任的工作,能否发挥自己的专长,再把对方的任职条件和自己对照一下,看是否有不满足的条件,自己应该如何弥补,当面试中对方问到这个问题的时候该如何应对。

第四,如果时间允许,先去面试的地点踩个点。一是先了解下行车路线,避免出现面试当天找不到地方或找错地方的情况;二是如果面试的地方是目标公司的话,可以从外面先观察下对方的办公环境、人员精神面貌、着装风格,加强对目标公司的了解。

第五,当接到面试通知时,了解下具体面试类别:是集体面试? 笔试? 无领导小组讨论? 一对一面试? 都会见到谁,谁是面试官? 这样你至少心里会有个概念,有针对性地准备。同时可以上网了解下面试官的背景,增加熟悉度。如果是猎头推荐或者有内部介绍人的话,也可以从他们那里获取一些面试的建议。对于很多面试容易紧张的人来说,这个特别重要,因为你对面试官越陌生,你在面试的表现就会越紧张,反之,你掌握的信息越多,你就能准备地充分,信心也会大增!

第六,就是对自己的过往经历进行梳理,这在后面的具体面试问题会提到。

2. 赢在第一印象

1957 年，美国心理学家洛钦思用科学的心理学测验，证明了在人和人的交往中，"第一印象"是存在的，并且往往起到非常重要的作用！这就是大家都很熟悉的"首因效应"，也叫"第一印象效应"。

记得有位行业专家说过，在候选人和面试官见面的头三分钟里，面试官基本上就给这个候选人下定论了。因此，候选人的穿衣打扮和仪容仪表是非常重要的！这道理就像我们去买东西，两个一模一样的商品放在一起，我们自然会去选包装更精美，品相更好的那个，而不会去选包装皱皱巴巴的那个。

先看看男生，仪容仪表方面可以对照以下逐条检查下：

① 头发整齐，不油腻，肩膀上没有头皮屑，确保不要做太过夸张的头发造型——除非你是去应聘艺人或造型师。

② 鼻毛没有露出鼻孔。

③ 手指甲不要太长，指甲缝不是黑的，没有污垢。

④ 身上不会散发烟味、汗味、菜味、浓烈的香水味或其他容易引起对方反感的气味。

⑤ 身上没有明显的、幼稚的装饰。我曾经见过一个男生来面试的时候，背着一个黑色的大旅行包，包上挂了一串机器猫，给人的印象非常不职业！不成熟！

⑥ 请在面试当天穿件干净的衣服，不要在你低头的时候，让对方看到你衬衣领子上的污垢！

通常建议男生面试时穿西装最保险，穿西装有七点原则，也请在出门前逐条检查。

① 三一律。身上有三个地方是同一种颜色，即上衣、裤子、鞋子，或者是皮带、裤子、鞋子，总之身上不要颜色太多。最保险的就是黑色、蓝色、灰色的西装，里面配上浅色的衬衣，同色系的领带。如果西装和衬衣的材质或

设计很好,比较显品质,不打领带也是可以的。

② 熨烫平整。其实西装不在乎是否名牌,不在乎是否是高档的羊毛材质,平整整洁是最重要的。不仅是面试,以后在工作中出席会议或其他重要的场合,都要注意西装的平整,皱皱巴巴的西装通常给人很邋遢,很窝囊的印象。

③ 扣好纽扣。在这里特别要强调,西装上衣的扣子不是所有都要扣的,现在流行的三粒扣的西装,只要扣上面两粒就好,下面一粒是不用扣的,只有儿童穿西装才是全部扣子都要扣上的。另外裤子的拉链或扣子也一定要检查好哦!要不面试的时候,"车库门"大开就糗大了!

④ 不卷不挽。正式的西装袖子都不要卷起来哦!不要给人感觉是来打架的。

⑤ 慎穿毛衫。冬天很多男生喜欢在衬衣和西装中间穿件毛衫,要特别注意颜色和款式的搭配,不要显得不伦不类或太过老气。

⑥ 巧配内衣。如果穿西装和衬衣,尽量在衬衣里不要穿高领的内衣,从衬衣领口和袖口露出内衣的边也是件很尴尬的事情。这也不符合西装的礼仪。

⑦ 少装东西。我还记得有次面试的时候,一个男生进来,衣服鼓鼓囊囊的,我马上清楚地看到他的钱包、手机、钥匙包、笔记本、餐巾纸各自放着的位置,当时就想笑,哪有穿西装,把上上下下所有口袋都装满的啊?又不是户外冲锋衣!

那在面试中,有什么衣服我们不建议穿呢?

男生切忌穿着特别鲜艳的颜色和过于休闲的服装,如牛仔服、运动服、皮草、条绒、丝绸、太过花哨的衣服。在着装的时候,尤其注意不要穿浅色运动袜配深色皮鞋,除非你是去应聘模仿迈克尔·杰克逊的演员。你也不要以为别人看不到你那不着调的袜子,细节决定成败!

再看看女士的面试服饰礼仪。

最稳妥的也是穿西装上衣,或有领/圆领衬衫;下身着西裤或齐膝裙;丝袜配皮鞋。这是最标准最保险的着装。

建议化淡妆：女士必须化淡妆、全妆，妆容以干净、淡雅为主，切忌妆过浓或过脏或不画全妆。我注意到在职场上，香港、新加坡的女性都看上去更职业、更精神。后来经过专业人士点拨才发现，原来她们自入职场就受到良好的化妆的训练，尤其擅长用腮红，能让自己看上去气色好，特别精神。这点确实值得内地的女性好好学习下。

建议鞋子穿中跟正装皮鞋，除非你的身高特别矮，否则不建议穿过高的高跟鞋。夏天也不建议穿露脚趾的鞋。

女士的发型非常重要，如果是长发的话可以根据自己的脸型选择是披发或把头发盘成发髻。仔细留意的话，会发现五星级饭店的员工、空姐等这些高端服务的人员，长发都是要求一律盘起来的，这样会显得更职业！当然，这发髻不要盘得太高，好像道姑那样就很滑稽了。

特别忌讳在面试的时候打扮得很可爱，除非你是应聘幼儿园的老师或游乐场的工作人员。每年我都能见到一种打扮奇葩的女生：把头发高高梳起，然后在头顶的一侧梳一个大歪辫子，最可怕的是辫子上还要扎朵大花，好像是准备参加幼儿园的"六·一"表演。也不要在面试的时候打扮得过于暴露性感，不然有色诱之嫌，即使获得了这份工作，估计入职之后也会招来很多麻烦吧！

另外，如果你穿的是件借来的衣服或是新买的衣服的话，请把新衣服的吊牌剪掉！很多年前，我和同事在一场集体面试上见到一个身材高挑的女孩子，她自我介绍时说，她是个女博士，但绝非大家常规理解的那种不食人间烟火的女博士，而是非常关注生活品质和细节等。我和我的同事对她印象非常不错。谁知，就在她介绍完转身坐下的时候，她那件套装上衣的吊牌就赫然出现在我们的眼前，可以想象她穿着带着吊牌的衣服一路走来，回头率一定很高啊！用句现在微博上最时髦的话说：我和我的小伙伴都惊呆了！你要么就别说自己关注品质和细节，干脆说自己是个不拘小节，大大咧咧的人，好歹让面试官觉得你是个言行一致的人啊！

女士如果想让自己的着装有点特色，可以配戴珍珠的配饰，因为珍珠的配饰相对来说比较低调、雅致，更符合职场的环境。另外也可以运用丝巾衬托自己的套装，也能显得很有品位。当然在服装的选择上，也可以选择有设计感的正装。

每年做大学生的集体面试时，很多女生都是清一色的白衬衣、黑套装，白衬衣的领子翻在西装外套外面，这种着装在坊间被称为：乌鸦装！但是如果在这群人中，你穿的是灰色套装，或里面配的是波浪纹边的衬衣，马上就和别的候选人区别开来了！

让自己和别人区别开来，又符合职场的礼仪和特质，这场从面试着装开始的战斗你就已经抢占了先机了！

3. 面试"百宝箱"

我最喜欢的卡通人物是叮当猫，因为它有一个神奇的口袋，随时能从里面掏出一个应景又实用的宝贝！在这么重要的面试场合，大家如果能准备一个"百宝箱"，是不是也能兵来将挡、水来土掩呢？那看看这个"百宝箱"里该装些什么吧！

（1）最新的简历

可能你会奇怪，对方不是有自己的简历了吗？其实带最新的简历有几个目的：一是从你投简历到获得面试这中间，有可能已经过了很长一段时间，可能这段时间你已考取了新的证书，学到了新的技能，负责了新的项目，取得了新的成绩……这些你都可以在简历上进行更新，从而可以在面试中将对方的关注点引到你的新成绩上！

另外，在你见业务部门的负责人时，很有可能对方是刚从某个会议中结束，抽出空来见你，还没来得及打印你的简历，这时候，如果你很及时地把自己最新的简历递上去，是不是显得很贴心，考虑问题非常周到呢？

（2）可以证明你任何成就的证书或作品

如果你在国家级的比赛中得过大奖获得过证书，请带上！如果你在刊物上发表过文章，请带上！如果你是设计类相关岗位的从业者，你之前设计的海报、产品、视频等可以展示的资料，请带上！把之前提到的博士的论文集装订成册，请带上！

当然，不一定要把奖杯等特别巨大的实物都背上，那有卖弄之嫌，不过现在越来越多的候选人会在面试中主动递上 ipad，从 ipad 里展示自己的设计作品或做过的项目，毕竟这些活生生的例子比你口吐飞沫地空讲要更有说服力！

（3）体面的笔记本和笔

面试过程中，很有可能对方说的一些信息，你需要记录下来，显得你对对方的尊重和重视。这时候从包里取出来的笔记本和笔千万别露怯！我印象特别深的是一个候选人眨着大眼睛问我："请问贵公司的发展策略是什么？"然后掏出了一个 Hello Kitty 的笔记本，和一个绒毛的迪斯尼长杆圆珠笔准备做记录，我当时马上觉得自己在被《少年报》的记者采访，而不是在进行一个正规的面试……

建议最好用素色的笔记本，普通的签字笔，本子和笔尽量不要太过于花哨。因为面试中的任何细节都在帮助你塑造自己的职业形象！

（4）电子英汉字典和计算器

如果你的手机里没有字典和计算器的功能，请你单独带上吧，尤其是有函数功能的专业计算器。很有可能在面试后，面试官请你再参加一个笔试，如果笔试有翻译和计算的题目，这两个工具能帮你得高分！不至于临场流汗干着急！

（5）口香糖

好口气，更清新！帮你获得更好的第一印象！你也不想让对方知道你中午吃的是兰州拉面或韭菜馅饺子吧？当然了，面试前，尽量别吃这些有刺激性气味的食物！

（6）面试地址、时间、面试联系人电话

即使你之前已经踩过一次点了，带上一张便签，写上面试的时间、地点、联系人的电话，总是有备无患，万一路上有个什么意外发生，也好第一时间通知面试官，获得迟到的谅解或再约新的时间。

4. 那些让 HR 怦然心动的面试"台词"

很多人都会好奇,在面试中面试官会问什么问题。其实问什么问题没关系,关键是要了解面试官问题背后的实质:他到底想了解什么信息? 这个在后面会给大家详细介绍,那为了在面试过程中很好地传递出这些关键信息,以下给大家准备了一个求职信息的清单:

☆使你对这个行业或职业发生兴趣的一个动人故事。

☆使你对这家公司感兴趣的原因。

☆你具有哪些特别的人格魅力? 你怎样展现这些特质,并令人难忘?

☆你具有哪些特别的工作技能和商业知识? 你怎样生动地展示这些技巧?

☆你该提问哪些独特而深刻的问题?

请注意以上的这些准备都必须突出几个特质:

(1)动人

面试其实是个交流的过程,你需要用很短的时间打动对方,说服对方,你是能胜任这个岗位的。不要讲得干巴巴的,或者很枯燥,要想办法使对方对你的专业经历或个人特质感兴趣。

我记得在我做猎头的时候,有一次负责为知名五百强医疗器械公司美敦力组建一个新的产品组。其中招聘北京销售主管的时候,客户对这个岗位的要求是"有较强的吃苦精神"。医疗行业的候选人大部分都有着相似的经历:都是临床医学或药学毕业,大部分人都是在医院工作了几年之后,进入医疗企业从事销售工作,大家的工作模式也很一致,都是做学术推广,反正搞定科室主任就好。在面试这个岗位的时候,当考察到"吃苦精神"这个关键点的时候,基本上所有候选人都是和我说,他们早上7点赶在主任查房之前就到医院,不管风吹雨打。刚听第一个候选人这么说的时候,我还觉得挺好，可是第二个、第三个候选人也都这么说的时候，我就开始麻木了。OK，可能医疗销售的时间安排就是这样的吧，大家都能做到的事情也不算吃苦吧。就在这时，一个候选人黄先生的回答让我为之动容。

　　当我请他分享他在过往的经历觉得最辛苦的事情的时候，黄先生略微沉思了一下，娓娓说道："其实工作中的这些挑战对我来说算不了什么，你从我过往的销售业绩也能看到我一直是产品组的销售冠军，如果一定要说辛苦的事情，可能那是我读大学的时候，每年的暑假我都要回到我的家乡。我来自农村，父母都是地道的农民，暑假的时候回到家最主要的事情是帮助父母一起到地里干活，我现在还记忆犹新。炽热的太阳烤着大地，晒在我的背上火辣辣的，长久不劳动，我在地里没干多久，手上就开始磨出了血泡，腰酸背疼，汗如雨下。好多次，我都想放弃了，或者心想，下个暑假再也不回来干活了。可是当我起身看到我的父母，他们年纪都那么大了，为了支持我的学业，一点都不敢偷懒，勤勤恳恩地在地里劳作。我父母为了我能如此辛苦，我又有什么理由偷懒呢？现在每当我在工作中遇到困难，我都会回想起我父母在烈日下辛勤劳作的场面，想起自己被镰刀磨破的手，想起被晒疼的背，这点工作中的困难又算得了什么呢？"

　　我还清晰地记得当黄先生讲述这段话的时候，他的目光中透露出的坚毅，对父母的尊敬和对自己的要求。他的真诚也深深地打动了我，我听完这个故事，眼前好像浮现出了他所描述的画面，眼眶也开始湿润了。

　　是的，黄先生用他的真诚和自己独特的个人经历打动了我，这也让我把他作为重点推荐对象向客户推荐。果然客户面试之后，告诉我黄先生是最优秀的。最终黄先生成功获得这个职位！

　　（2）突出自己的特别之处

　　在竞争很激烈的时候，在知识经验背景都差不多的时候，如何能比其他的候选人更为突出,就需要展现自己的特质。比如销售类的岗位,候选人需要明确每段经历的工作职责,负责的区域、客户,业务量的大小,个人突出的业绩,用数据说话,结果的达成率,和去年同比等。自己都是怎么达到这些业绩的,自己做了些什么事情。在这里要特别强调,很多候选人会回答是因为公司的原因,但是在这里需要突出的是个人能力,所以在陈述的过程中需要突出自己做了些什么,可以用"STAR"的方式来展示,后面会提到。

(3)让对方印象深刻

请注意,这里是指正向的印象深刻,不是雷人!

记得有个笑话,说的是面试官对候选人说:"你能让我对你印象深刻,忘不掉吗?"候选人站起来,二话不说,狠狠给了面试官一记耳光! 嗯,效果是达到了,但是面试的结果可想而知。

我也遇到过特别咄咄逼人的候选人,感觉是来吵架找茬,而不是来面试的。面试是个平等双向的沟通,大家应该保持对彼此最起码的尊重,如果有不同的意见可以保留,但不必要争个高下,毕竟这不是辩论赛。

B. 在面试中见招拆招

1. 巧妙回答面试中的常见问题

很多人觉得面试很难,对于面试交谈不知从何准备。其实不难发现,所有的面试问来问去都离不了以下这些问题,所有更深入的交谈都是基于以下的问题:

❀ 请介绍一下自己。

❀ 为什么想应聘这个职位?

❀ 你有什么优势?

❀ 你的缺点是什么?

❋ 请谈谈以往工作中你做过最成功的一件事情。

❋ 请说说你曾遇到过较大的困难，你是如何解决的？

❋ 我们为什么要雇佣你呢？

❋ 你的职业规划是什么？

❋ 你找工作最在意的是什么？请谈一下你的理想工作？

❋ 你还有什么问题要问我吗？

　　我们可以想想面试官为什么要问这些问题，每个问题的背后想关注的点是什么？

　　☆ 请介绍自己。

　　关注点：自我认知。

　　☆ 为什么想应聘这个职位？

　　关注点：工作期望，对职位及公司的了解。

　　☆ 你有什么优势？

　　关注点：自我认知。

　　☆ 你的缺点是什么？

　　关注点：自我认知。

　　☆ 请谈谈以往工作中你做过最成功的一件事情。

　　关注点：工作经历及专业能力。

　　☆ 请说说你曾遇到过较大的困难，你是如何解决的？

　　关注点：工作经历及专业能力。

　　☆ 我们为什么要雇佣你呢？

　　关注点：自我认知，工作期望，对职位及公司的了解。

　　☆ 你的职业规划是什么？

　　关注点：自我认知，工作期望。

　　☆ 你找工作最在意的是什么？请谈一下你的理想工作？

　　关注点：工作期望，对职位及公司的了解。

　　☆ 你有什么问题吗？

关注点：工作期望，对职位及公司的了解。

我们从以上的问题可以总结出，所有的问题都是围绕以下四点，这四点是面试官最关注的信息：

❀ 工作经历及专业能力；
❀ 自我认知；
❀ 工作期望；
❀ 对职位及公司的了解。

2. 自我介绍中的玄机

基本上所有的面试都是从自我介绍开始的，一个自信、大方、切中要点的自我介绍是面试成功的关键！

首先，自我介绍该说多长？我见到过有候选人只说三句话的：我叫孙荣，我是沈阳人，我想应聘市场部经理职位。拜托，这又不是"快乐男生"选秀的自我介绍，多说几句好不好！

当然，我也见识过候选人张口就不停地说了十多分钟，从自己的七大姑八大姨到小学三年级获得的班级奖励事无巨细地披露给我，完全不让我插嘴。基本上他闭嘴了，这个面试的时间也就到了。

那么到底说多长时间好呢？我个人的建议是控制在三分钟之内，根据你自己从业经历的长短而定，但不建议超过三分钟。因为自我介绍是给整个交谈起个头，对自己的经历进行简要的介绍，引起对方的交谈兴趣。

那在自我介绍时，该说些什么内容呢？我的建议如下：

❀ 我是谁；
❀ 我来自哪里；
❀ 我能做什么；

❊ 我为什么想来这里。

例子一：

　　您好！我是江赟（音：晕），父母给我取这个名字，是希望我未来能文武双全，又有财富。

　　父母美好的祝愿是我奋斗的方向，因此在学校时我一直注意这两方面的锻炼。文采方面，我从初中起，就在省内各级刊物发表了二十多篇作品，也是校报记者，比较擅长写作。武方面，我常年坚持长跑，这项运动锻炼了我的意志和耐力，今年初，我还参加了厦门国际马拉松比赛，在女子组中取得了第 18 名的好成绩。

　　今天来应聘行政助理的职位，一方面我希望能发挥自己的写作专长，另一方面我觉得和同龄人相比，我不怕吃苦，更能坚持！我愿意从最基层的岗位做起，希望能在贵公司的平台上积累我人生的财富！

　　您看看还有什么我介绍不清楚的地方，请尽管问我，谢谢您的时间！

例子二：

　　您好！我是赵文博，你可以叫我 Steve。我来自包公的故乡，河南开封。我和包公有个共同的特点——都很正直，也都长得比较黑。如同您看到我简历上的介绍，我在过去的五年里一直都在联合利华公司从事渠道销售工作。我非常感谢这份工作带我进入了快速消费品行业，公司里系统规范的培训让我养成了良好的职业素养，北京激烈的市场竞争也让我的销售能力有了很好的锻炼。在最近三年里我也一直蝉联北京分公司销售冠军，在所负责的渠道里也建立了良好的口碑！因为公司产品线的调整，我所在的部门面临全线解散,我也希望借此机会接触不同的品类,学习不同优秀公司的运作方式,同时进一步发挥我在销售方面的优势。以上是我的简单介绍,您看看还有什么需要进一步了解的。谢谢!

自我介绍是给面试官建立第一印象的机会,也是最好准备、准备好了面试中马上可以拿来就用的环节。因此我建议各位读者可以针对自己下一份想面试的工作开始精心准备自己的开场自我介绍。

听说过"梅拉比安法则"吗? 这个法则证明,在人与人的沟通交流中,语气、肢体语言甚至比谈话的内容本身更重要。因此,准备好自我介绍的内容,要怎样把它表达出来更为重要。态度要自信大方,面带微笑,保持和面试官的目光接触。刚开始的音量可以比平时讲话略高一度,以引起对方的关注。

好啦,接下来就在家里对着镜子或找个挑剔的小伙伴帮忙监督,努力多加练习吧!

3. 用"STAR"法则来讲故事

面试的目的是要打动面试官,让他相信你是能胜任这个岗位的,所以在面试交流的时候,想更清晰地表达你的观点,让你的观点更有说服力的最好的办法就是举一个具体的例子。

那如何来描述你举的例子呢? 这里告诉大家一个通用的方法,就是用"STAR"法则来讲故事:

"STAR"法则包含以下几个要素:

❀ Situation——情境,即交代事情发生的背景;

❀ Task—— 任务/事件,即当时你需要完成的销售指标是多少;

❀ Activities——行动,即你具体采取了哪些行动努力去达成指标；

❋ Results——结果，即最终这些做法达到的结果如何，有何
收获。

当在面试中遇到面试官问"能不能告诉我你在大学里印象最深刻的一件事（或类似最成功、最失败的一件事情）"的时候，作为面试官，我听到的通常是这样的回答：

"嗯，在我读大四的时候，当时正是大四上学期的期中，系里要求我们组织一场文艺汇演，可是那个时候正是大四同学们开始找工作的时候，有的在找实习工作，有的在复习准备考研，根本都没心思。作为系学生会的文艺部长，我的压力特别大，因为我也要准备复习。可是我一想，这个文艺汇演是学院的传统，不能在我这一届断掉啊，于是我想尽办法，克服了种种困难，最后终于把文艺汇演办起来了。"

相信大部分的候选人都是按照这种思路在描述故事，把前面的背景，困难描述得特别多，反而是自己做了些什么一句话就带过去了，对于自己的收获总结更是只字不提。这样其实对面试官来说，很难准确地获得他想要得到的信息，因为你没有把自己的中心意思清晰地表达出来，而需要面试官自己去总结，每个人的理解能力本身就是不同的，如果面试官没正确理解你的信息，这个面试就是失败的。

那如果用"STAR"的方法来讲这个故事，该怎么说呢？

"谈到我印象最深的一件事，那是我大四上学期组织的文艺汇演。（Situation 情境）

"我当时是系学生会的文艺部长，按照系的传统，要在期中组织全系的文艺汇演。（Task 任务/事件）

"当接到这个任务的时候，我面临几个困难：一是由于就业季的提前，大家都在忙着找工作或准备研究生考试；二是作为系的传统活动，老同学看了几届了，都觉得缺少新意，参与的意愿比较低。

针对这两个困难,我通过和系领导的讨论,首先把筹备委员会的核心成员聚焦到大一新来的同学和大二的文艺骨干身上,这样保证核心团队有充分的准备时间;其次我们总结分析了前几届文艺汇演的优势,又做了广泛的调研,定出了'理学院发现新的你'这样一个比较有新意的主题。(Activities 行动)

"经过我们的细心筹备,那次文艺汇演如期举行,而且在学校引起了巨大的轰动,老师和同学们都觉得这个活动在保留系传统的基础上,还有创新,而且挖掘了新的文艺人才。我也通过举办这次活动,有了不少收获:首先就是不怕工作中的困难,对自己树立了信心,虽然开始遇到很多困难,但只要想办法,没什么克服不了;其次就是在做综合管理的时候统筹资源非常重要,尤其是把合适的人放到合适的位置上;最后就是工作不要墨守成规,一定要善于创新,才会获得最后的成功。"(Results 结果)

你看,按照"STAR"法则讲故事,情景和任务各自一句话带过就可以,因为这不是重点,重点是你的行动和结果,尤其是结果。因为对面试官来说,其实根本不关心你当时的情况如何,他关注的是从你讲的故事中能不能看到你的特质,发现你的优势,找到你和这份工作的契合点。

4. "钩子"和"桥梁"的大作用

世上最郁闷的事情无异于考试前背的重点,考场上翻遍了前后卷子,一个准备的考点都没考。面试也是如此,当你细心准备的"STAR"故事,对方一点想了解的意思都没有,而且根本没有提及的机会的时候,该怎么办呢?这时候就需要用"钩子"和"桥梁"这两个工具。

顾名思义,"钩子"就是主动给对方展示自己准备的故事,传递自己想要表达的信息,那哪些话术是"钩子"呢?

例如:

❀ 最近我们取得了更令人瞩目的进展……
❀ 我给您展示些更激动人心的背景……

同样，"桥梁"也在沟通中起着重要的作用，当你发现一个好的机会可以展示你准备的故事的时候，就搭一个"桥梁"，引到你的故事上来。具体来说，"桥梁"的话术如下：

❀ 问题的实质是……
❀ 我们换个角度看，其实……
❀ 这只是问题的一方面……
❀ 另一个重点是……
❀ 这并非问题所在，真正的问题是……

5. 给你的面试"加分"

（1）注重面试礼仪

按时赴约，到了面试地点就把手机调成静音，不要让电话干扰你的面试。见到面试官后，对方伸手后，候选人才能伸手相握。如果对方特别年长，或职位较高，需要双手去握手。

不要懒散地靠在椅背上，坐椅子的前三分之二。保持背部直挺，当对方说话时，可以适当身体前倾，表示关注。

离开时将椅子放回原位，将水杯带出房间或丢到垃圾桶。

（2）表现出自己的特质

每次我都会问候选人："外面坐了一排的候选人，你们都具备类似的经验和背景，那你和别人的不同之处在哪里？你凭什么要雇主选择你而不选择别人？"

大多数的候选人会说我有多少年的经验，但其实这是大部分候选人都具备的,所以不要只谈经验,谈谈求职动机,说说自己的特殊才能,强调能给公司带来的贡献,找到自己的独特之处,才能打动对方。

也有很多候选人一上来就会说,因为我学的是××专业,我学习的专业和我应聘的岗位很对口,这也是我的优势。而且很多候选人真的认为这就是他们的优势,可是实际上,专业的对口只是你满足了任职资格,刚好你获得了来面试的资格而已,根本就不是你的优势。所以在面试的时候,要多从自己的特性上去挖掘,发现自己最独特的特点。

有一次我们部门招聘实习生,我前前后后面试了十多个大学生,这些同学都来自北大、清华、人大等一流大学,个个都非常自信优秀。说实话,见了很多候选人后,我和我的同事已经有点没感觉了。这时候,一个叫 Jason 的小伙子走进了办公室。这个小伙子来自中央民族大学,我和我的同事按照常规的问题一个一个顺着问下来,基本上还是比较麻木的,很自然地问到最后一个问题,请他介绍一下他的家庭。

Jason 脸上露出很灿烂的笑容,他说道:"我来自沈阳,我家是一个幸福的四口之家,我有一个龙凤胎的姐姐。她虽然是我姐姐,但只比我大几分钟,在生活中,我像哥哥一样照顾她。现在她在珠海读书,我每天都会给她打电话,问她学习进度如何,生活怎么样。您知道的,北方人到南方生活多少会有些不适应,我会经常开导她,并给她一些建议……我每天和她通完电话以后还会和我父母打电话,让爸爸妈妈放心,我和姐姐都很好。我希望我和我姐姐毕业后都能回到北方,到北京或沈阳工作,这样能离家里近一些。我也希望通过这份实习的工作,能积累自己的工作经验,提升能力,早点自立,减少父母的负担!"

当 Jason 介绍完他的家庭,我和我的同事相视一笑。我们非常有默契地知道,我们都准备录用这个能打动我们的 Jason 了。

其实对别的学生来说,不是他们不够优秀,每个人都是高才生,有礼貌懂规矩，会工作有方法，可是相比之下，Jason 在面试中更用他的真诚打动了我们，向我们展示了他的成熟懂事，对家庭的责任感，对人的关注。这也正是人力资源部对这个岗位的要求啊！

Jason 后来在我们部门实习了很长时间，毕业后也顺利地在北京找到了一个人力资源的工作，实现了他自己的愿望。

（3）微笑，目光交流

大部分面试官都喜欢有亲和力的候选人，所以尽量面带微笑，表示友好，哪怕对方是在用压力面试，也要保持微笑，这也是信心的体现。

另外，说话时要看着对方的眼睛，如果你实在紧张，或不敢看对方的眼睛，那就看对方的双眉中间，千万不要在面试的时候只低头看桌子或抬头看天。而且，一直低着头会给人自卑的感觉，一直抬头看天，鼻孔冲人，也给人傲慢无礼，没有教养的印象。这些行为千万不要在面试中尝试！

（4）多次称呼对方的名字

面试开始，通常面试官也会做个自我介绍，这时你一定要记住怎么称呼对方，在面试的过程中，回答问题的时候，多次称呼对方的名字，能够显得更亲切，距离更近。特别是在面试过程中用"钩子"或"桥梁"的时候，你可以说："是的，张总，您说得很对，关于这个问题，我还有另外一个例子想告诉您……"

如果对方没有介绍，也没关系，你可以主动问："请问该怎么称呼您？"

特别是在面试结束的时候，更要提到对方的名字："王经理，谢谢您的时间。和您交谈很愉快，希望能和您共事，向您学习。再见！"

（5）不要批评以前或现在的雇主

在面试中最忌讳的是说负面消极的信息，尤其是批评现在或以前的公司或老板，在面试中谈论这些会让面试官反感。面试官会想：今天你这么说他，如果有一天你离开我这里，去别的公司，是否也会同样在别人面前批评我呢？所以在面试中多体现正能量吧！

同样的道理，在面试中表现出郁郁寡欢，或无精打采，体现出对工作量的抱怨，不高兴做复杂的任务等，这些都会让面试官产生不好的联想：你到我公司来肯定也会是这样的表现,我千万不能让你进来,免得影响到了其他的团队成员!

(6)关注新闻

多关注时事和新闻,准备一些聊天的谈资,一方面能更好地应对面试官的问题,另一方面也能找话题和面试官交流,拉近两人之间的距离。

(7)给对方开放式的回答

在回答问题的时候用开放式的思维来回答,不要只说"是""不是",即使对方问的是封闭的问题,你也可以适当展开,掌握谈话的主动权。

比如说,应聘销售代表的时候,面试官问:"你是学财务专业的学生,是吗?"这就是一个封闭式的问题,通常的回答应该是说:"是的。"但我们会建议大家用开放式的思维来回答问题。你可以回答说:"是的,您注意到了,我本科读的是财务专业。这个专业的学习让我对数字更加敏感,也会更注意在销售的过程中增加成本的概念和对利润的关注。"

这样的回答更能抓紧机会展示自己和职位的匹配度。

(8)在结束时确认什么时候可以得到通知

如果对方说"我们需要时间考虑",你可以问:"最晚什么时候可能收到消息?"了解了面试结果的时间节点,有助于帮助自己安排自己的生活和工作,尤其是可能获得更多工作 offer。

而且,这也是个表达诚意的机会,你可以展示自己对这个职位的热切心情。如果非要在两个能力水平相同的候选人中选择一位,公司更愿意优先录用那些求职意愿强烈的人。

(9)交换名片,好日后联系,并自信地离开

如果在面试开始时,面试官没有主动给你递上名片,那么请你尝试在面试结束时,主动向面试官交换名片,这样方便回去后给面试官写一封感谢信,即使面试不成功,也可以保持联系。在我过往的工作经历中,就有几位候选人让我印象深刻。虽然当时因为各种原因,他们没有被我所在的公司录取,但是他们会不定期给我邮件或电话,咨询求职过程中的问题或分享他们的现状,其中的一位在我后来终于有合适机会时得到了成功的推荐! 所

以对候选人来说，也要珍惜自己在面试中遇到的每个面试官，你们的联系可以着眼于更长远的职业发展。

C. 决胜千里之外：怎样应对电话面试

与面对面沟通不同，电话面试的难度其实更大。因为在面对面的交流中，当语言不到位的时候，我们的表情、肢体语言都可以帮助传递信息，同时我们也能观察到面试官的面部表情，判断对方是否有想听下去的意愿，随时调整我们的表达方式。但是在电话里我们失去了面对面的视觉接触，就需要充分运用语言、语气来控制谈话，打动对方！

最近一段时间，经常看到办公大楼下面有人在大堂角落或大楼入口处打电话，当你从他身边走过时，你能从他的表情和所说的只言片语中判断他正在电话面试，这真的非常让人着急！第一，你在这种人来人往的地方电话面试，你自己不嫌吵吗？对方能听得清楚吗？第二，在这种地方电话面试，多引人注目啊！你不怕被同事看到然后去给领导打小报告吗？不怕刚好被公司领导或者 HR 撞见吗？

当我们在外面突然接到对方的电话，对方表示希望做长时间沟通的时候，一定要想办法减少一切对听觉的干扰。你可以说："您稍等一下，我去找一个安静的房间。"或者直接告诉对方，你现在正在地铁或公交车上，信号不稳定，周围很嘈杂，是否可以换一个时间再进行电话面试。这样自己可以在电话面试之前找一个足够好的环境，比如在家里或办公室单独的房间里，并提前确认房间手机信号是否够好；也可以找个固定电话，请对方打这个固定电话，通话效果会更好。电话面试一开始，请首先确认对方是否能够清晰地听到你的声音。

我的个人经验就是，在电话面试过程中，最好始终站立通话，面带微笑（对方能够通过你的声音感受到你的表情）。因为坐着的时候，人会容易放松，声音也会变得懈怠。

另外，因为对方只能通过声音来感知你，所以说话的时候，尽量比平时的音量稍微提高一到两度,一个洪亮的声音也给人自信和有精神的感觉!

最后,在电话面试中,可以确认一下对方的问题,特别是中间信号有干扰的时候,你可以说:"不好意思,刚才信号不好,您可以再说一遍吗?"或者"我确认一下,您刚才的问题是……吗?"将对方的话复述一遍也是非常好的方法。

如果因为信号的问题,声音会有所延迟,建议在电话面试中,说话的速度可以比平时略慢一点,确保对方能清晰完整地听到你的回答。

至于其他电话面试中需要注意的方面,那都和面对面的面试一样,只是换了一种形式而已。

D. 搞定无领导小组面试

1. 无领导小组面试的考察点

无领导小组是一种测评方式,通常由 6~10 个应聘者组成一个小组,在规定的时间内共同解决一个问题,小组成员经过讨论,找出一个最合适的答案,然后各个小组轮流进行展示。

这种测评方式的核心考核点是:

❀ 观察面试成员的团队合作能力,包括解决复杂问题,解决冲突的能力;
❀ 观察求职应聘者的语言表达能力、思维能力;
❀ 观察在团队中适合扮演的角色;
❀ 观察意愿或者工作动力,是否能在压力下很好地工作;
❀ 观察应聘者行为特征。

2. 无领导小组面试中的加分行为

了解了无领导小组的核心考核点，就围绕考核点有重点地来准备，那么以下行为绝对是帮助你加分的！

（1）掌握时间

在我参加的各种无领导小组的面试中，发现最常见的问题就是一拿到题目，小组成员就陷入了无休止的讨论之中，往往直到面试官提醒时间到了，他们才发现花了太多的时间在讨论中，而没时间得出结论。所以在一宣布开始的时候，应该马上把整场讨论的时间分配好，比如：

"我们开始吧，既然我们只有三十分钟的时间，我建议，我们整个讨论分成三个环节，第一个环节五分钟，我们先头脑风暴一下，做些分工；中间的十五分钟，我们把讨论内容充实一下，最后十分钟我们来讨论下如何呈现我们的结果。大家看这样安排怎么样？如果没问题，我来掌握时间。"

你看，这样的一个开场，多么清晰，有条理性，既把时间掌握了，又把整场的节奏掌握了，还体现了自己的领导力。

（2）将你的想法用清晰而富有逻辑性的方式表达出来

这一点和单独面试一样，你要让对方接受你的观点，你就需要把自己的论点先抛出来，同时有逻辑地阐明自己的论据。

（3）在倾听别人意见的同时记录对方的要点，及时地对别人正确的想法或意见予以支持

当别人在发言的时候，抬头聆听对方并适时地给以反馈，比如一个点头示意等，表明自己在倾听其他成员观点，如果你同意他的观点，一定要说出来："是的，我赞同你的想法，我也是这么想的。"

（4）做阶段性的结论

无领导小组讨论中最容易出现的问题就是人多嘴杂，大家越说越远，越说越散。因此想要加分的话，就需要在纷繁的讨论中，保持头脑的清醒，做出阶段性的总结。例如：

"刚才大家都提出了自己的观点,我总结了一下主要是这几个意见……"

"等一下,我们第一个话题已经得出结论了,就是……我们现在应该马上开始分工……"

"好,那明确了由李梅来陈述最后的结果,我刚才整理了下大家的观点,李梅,你听听是不是这些观点……"

通过自己的阶段性总结,把小组的讨论引到一个统一的方向,这也是一种领导力!

(5)学会开口要时间

其实这里的开口要时间,就是争取发言的机会。如果在无领导小组中间不发言,面试官怎么能发现你的特质呢? 因此,争取发言机会非常重要,尤其是刚开始的时候。前面已经介绍了用时间管理的方式开场,如果你特别紧张,哪怕就说一句:"我们现在开始吧,大家对这个题目有什么想法?"第一个说话的人肯定能引起面试官的关注的!

(6)明确自己的角色

在无领导小组面试中,很重要的一个考核点,就是看大家在团队中都扮演什么样的角色。那在团队中到底有些什么样的角色呢?

领导者,执行者,完成者,策划者,跟从者。

在团队中,每个角色对完成团队的任务都非常重要,每个人都可以同时是一个或几个角色。团队里也可能同时存在几个同样的角色,或缺失某个角色。

我曾见过一个小组讨论,大家参与度非常高,七个人中有三个核心成员,没有明显的领导者,都是策划者,其他几个都是执行者和跟从者,最后也很圆满地完成了任务。所以并不是一定要当领导者,况且,如果你扮演了领导者的角色,但是并没有履行好领导者的职责,反而还会被扣分。

3. 无领导小组面试中的扣分行为

（1）沉默

在过往组织的无领导小组考察中，我真的见过不少候选人完全没有发言，从头到尾都没有说话。后来我找机会问过其中几位同学，有的说"我觉得他们说得挺好的，我不知道该说什么""说得没他们好怎么办"，我说，那你好歹也要说句"我同意你的意见"，至少也表明了你的态度啊！不然我怎么知道你的想法，怎么评估你呢？

还有的同学说："我对这个话题真的毫无概念，完全不知道从何说起。"那你是不是可以帮助看时间？是不是可以做些阶段性的总结？是不是可以帮助做记录，最后贡献给发言的同学？

千万不要坐在那里一言不发，什么都不做，那无异于面试自杀。

（2）啰嗦

即使你说的是正确的，我们也建议在无领导小组面试的过程中把握住时间，简洁明了地表达你的观点，毕竟时间是有限的。而且，如果说话特别啰嗦，也特别招别人烦，那就请你先想办法改掉这些坏毛病。别忘了，无领导小组最主要的考核点是团队精神，如果你的观点很正确，但无法和团队成员很好地互动，很容易引起他人的反感，那也是不行的！

（3）人云亦云

千万不要听别人说什么你就马上点头，然后另外一个人说了相反的观点，你又马上倒戈。一定要在自己思考之后，表明自己的态度和观点，不要变来变去，给人没有主见、意志不坚定的感觉。

（4）易怒

在过往的无领导小组面试中，不乏见到过分投入乃至失态的候选人。我印象很深的是有一场无领导小组的面试中，开场做自我介绍的时候，一个男生的介绍非常简洁明了，而且很自信，给我和我的同事留下了深刻的印象。没想到在小组讨论的时候，因为小组里有不同的意见，他的情绪越来越激动,嗓门越来越大,最后甚至站了起来,把手中的本子狠狠地摔在桌子上。和他一组的女生一个个面面相觑,气氛特别尴尬。可能这个男同学是真的想坚持自己的观点,但如果他不能晓之以理、动之以情,仅靠发脾气,就能解决问题吗? 更何况他是面对一群女生,这样发火更让人觉得很没有风度。可想而知,这样的人是不会通过面试的。

E. 完美收官:面试后的"小心机"

凡事都要善始善终,面试亦是如此,一个完美的面试需要一个完美的结束。那在面试结束之后,有些什么我们该注意的呢?

1. 自信地离开,不要在现场逗留、讨论

在面试结束的时候,怎样离开面试地点也很重要。即使在面试中遭遇挑战,或某些问题回答得不理想,也要自信地离开,不要走的时候垂头丧气,像打了败仗一样,给人心理素质很差的印象;更不要在公司前台、电梯间逗留、讨论或打电话谈论刚才的面试。只要在公司的工作区域或公共区域,你的行为都会被未来的潜在领导或同事看到,不要让他们看到你不得体的行为或听到你不当的言论,相信我,这些都会第一时间被反映到人力资源部,都会影响未来的雇主做出是否录用你的决定。

某 IT 公司面试了几个候选人,其中一个候选人本来是非常被看好的,可是他在面试后很快通过自己的微博和微信,发布了面试细节和笔试的试题,这个消息很快被传播开来。这家公司是做互联网金融的,他们对于"保密"非常看重,候选人这个小小的嘚瑟行为,让他失去了这个本来可以到手的工作机会。

2. 回顾这次面试自己回答的问题，有哪些回答得不好

面试技巧之所以被称为"技巧"，是因为它如同其他的技巧一样，是可以通过后天的锻炼不断地去练习并得以提高的。每一次面试，都是对自己面试技巧的锻炼。因此，每次面试结束之后，都可以回顾一下这次面试过程，对方都问了哪些问题，哪些问题是自己有准备的，自己答得如何，对方的反馈如何，对方是否准确获悉了自己要表达的意思，对方是否对自己的回答有其他角度的解读，他们的反馈给了自己什么启示。哪些问题是自己从来没有想过，没有准备的，自己如果有机会，该如何重新组织语言，构架答案。通过这种不断地实践—反思—调整—实践，自己终将对各种面试问题都能做到兵来将挡、水来土掩，成为超级"面霸"！

3. 通过面试的交谈，发现自己的盲点

如同之前我们提到的自我认知，很重要的一点是通过他人的反馈了解自己，尤其是了解自己的盲区——也就是自己以前没有发现的不足。

我同事的先生老林在IBM从事金融行业的大客户销售工作，随着在行业里经验的积累，慢慢做出了口碑，于是，一些新进入中国的外企在中国区负责人的候选人人选里锁定了老林。老林也看中了一家新进入中国的公司的发展潜力，希望尝试全面负责中国市场的机会，可是面试回来以后，老林却非常沮丧。

原来，对方的面试官是个印度人，他说的英文有很浓重的口音，老林本来英文就不是特别好，一遇到这种"印式英语"就更着急了，连基本的表达都成了问题，两个人根本无法沟通。可想而知，面试结果大受影响。到后面，面试官不得不出去叫了个翻译进来，两个人才能继续交谈下去。这让老林特别尴尬。

面试结束时,印度面试官通过翻译表达了他的遗憾。从老林的简历上看到,老林其实很符合这个职位的要求,但英文是这个岗位最基本的工作语言和工具,因为老林的语言能力无法满足工作的需要,因此他们无法提供这个岗位给他。

更让老林郁闷的是,不久之后他得知他以前的一个下属获得了这个工作机会。论客户资源、产品知识、在行业里的口碑、管理能力,老林自然都远远超过那个下属,可就因为自己的英文水平还不够好,就败在了下属的手里。也可以说,正是因为之前他不够重视英文,才错失了这个工作机会。

这件事让老林深受刺激,使他暗下决心,努力学习英语来弥补自己的不足。如果没有这次让他感到尴尬的面试,老林可能意识不到自己的短处在关键时刻会如此致命。

4. 通过面试中的交谈,重新审视自己

要通过面试,不断审视自己的职业规划,审视自己在市场上的价值,重新定位和调整自己。

当我们在某个固定的职场环境待久了以后,再换新的工作难免会有挑战。虽然稳定不变的工作岗位能让自己有更扎实的历练,但是在一个地方待久了,所带来的不足之处就是会对外界环境缺少了解。外面的就业市场发生了什么变化?市场上其他公司对这个岗位的要求是什么?我还有哪些技能需要更新?这些都可以通过面试来了解,进而审视自己的知识结构是否老化,自己的专业技能是否是市场需要的,自己的市场价值期望值和市场上实际能够给予的有多大差距?自己在职场规划方面的诉求是否在市场上获得满足?如果自己职业发展的诉求很难实现,是否需要调整或采取新的行动?这些都是我们在面试后需要反思的。

尤其重要的是,当自己的工作技能能够满足新的工作岗位要求的时候,

问问自己,愿意和交谈过的面试官一起共事吗? 愿意和看到的工作区内的那些员工一起工作吗? 自己喜欢去面试过的工作环境工作吗? 如果答案还不是很确认,那不妨在接下来几轮的面试中多感受一下。价值观的匹配也直接决定了你是否能在新的工作环境里开心。

5. 写封感谢信

当你在面试结束后,对整个面试进程进行了回顾,对自己的表现有了评价,对自己的盲点有了认知,对自己的价值有了重新的认识,不要忘了感谢帮助你达到以上效果的面试官。

如果你有面试官的名片,就给他发封感谢信吧,让我们用感恩的心态,感谢生命中遇到的每一个人。我们要谢谢面试官所花的时间,谢谢面试官给你提的问题以及因此引发的思考,给面试官一些赞美之词(要发自内心的哦),再次强调一下自己对这份工作的渴望以及和这份工作的匹配度。即使最后面试不合适或者通过面试后的反思,发现自己并不适合这份工作,也可以写封感谢信,感谢通过面试官的交流,让自己更明确自己的发展方向。

感谢信例一:

尊敬的陈总:

您好!

自昨天下午和您面谈之后,您对地产行业前瞻性的关注,对公司集团化管理的思路,以及对人才管理的"快乐工作"理念,一直深深地印在我的脑海里。我的心里一直有个声音在对我说:这就是我一直寻找的可以追随的领导。

我也相信我在总裁助理岗位上积累的五年工作经验,让我完全可以胜任赛特集团董事长助理的岗位,不仅能安排好您的日常办公行程,更能帮助您进行各类管理工作的督办以及相关上市工作文件的准备。我也有信心、有能力能做好这份工作!

再次感谢您宝贵的时间,我相信我们初次愉快的面谈是我们日后合作的好的开始!也相信经过我的努力,我能成为您的得力助手!

如果您对我的专业能力或从业经历有任何不清楚,请随时联系我,如果需要进行背景调查,我也愿意配合,提供相关证明人。

再次感谢您的时间,和您交谈非常愉快,祝您工作顺利!

张笑晗

感谢信例二:

尊敬的张总:

您好!

我是昨天应聘薪酬主管的武丹,非常感谢您昨天的面试时间。您在面试过程中所体现的专业态度让我非常敬佩。

坦率地讲,在过往的工作中,我的工作职责比较繁杂琐碎,虽然我的工作面比较广,但是没有那么专业,这个不足也在昨天的面试中充分暴露了出来。的确,我的专业知识离贵公司薪酬主管的要求还有较大差距,但是我并不沮丧,反而要感谢您,是您专业的提问让我意识到了,我在工作技能方面有这么多的缺失和不足,这也提醒我在以后工作中学习的方向。

虽然技能有缺失,但是我相信我的学习能力和学习热情是我的优势,我会尽快通过向前辈请教和自我学习来弥补这些不足。如果有幸能成为您团队的一员,我愿意付出加倍的努力,向您学习,尽快胜任这个岗位！如果暂时我们还没有机会合作，我也会继续努力，希望有一天还能向您学习！

感谢您的时间，祝您工作愉快！

武　丹

F. 常见问题

Q1：如果面试中，对方说我专业不符合，我该怎么办？

首先，对方邀请你参加这个面试，就说明你的专业不对口不是问题，否则对方也不会请你来面试了，除非真是 HR 看走了眼。因此，这个时候需要你来展示自己匹配这个岗位的能力优势，尽量将对方的关注点转移到岗位的能力匹配上。其次，一定要强调大学的学习除了专业理论的掌握，更多的是一种学习方法的掌握，应该突出自己的学习能力，并告诉对方，如果应聘成功，自己准备如何提升和弥补与岗位相匹配的专业知识。

Q2：我习惯性地在面试的时候会紧张，如何消除紧张情绪呢？

在过往面试中，常看到一些候选人会特别紧张，手都在抖，或者不停地按圆珠笔的开关，还有人不停地流汗，甚至在办公室空调处于正常开启状态的时候能明显地看到对方额头上的汗滴答滴答往下落……那么，应该怎么消除面试的紧张心理呢？

首先，进入面试间的时候，来个深呼吸，一次不行可以连做三次深呼吸，让自己体内充分供氧，身体得到放松，同时给自己一个暗示："加油！我是最棒的！"

其次，也是最关键的，就是调整自己的心态。很多候选人之所以紧张，无非几个原因：

一是没有准备好，没有信心。针对这一点，请你把此书从头看起吧，如果准备好了，还有什么可顾虑的呢？

二是觉得在面试中自己处于弱势，对方处于强势，会不自觉地紧张。其实这真是大可不必！因为面试其实是双向选择的过程，真正成功的面试是一个你在了解对方，对方也在了解你，最后双方共同达成一致的沟通过程。因此双方其实是平等的地位。展示出真实的自己，让双方互相了解，来判断这个机会是否适合自己，没准对方看上了你，但是你发现这个工作不是自己想要的，自己还不会接呢！这样想，心态是不是就平和很多了？

尤其是当对方用"压力面试法"的时候，自己千万不要被吓到而影响发挥。当面试官阴沉着脸，咄咄逼人的时候，要很淡然地想：切，又是压力面试！这样自然不会被对方的阵势吓到，然后从容不迫地应对！

Q3：面试快结束时，通常对方会让我们来提问。到这个时候，如果不提问会显得对职位不够"向往"，可如果提问的话，我们应该提些什么问题呢？

首先，先提醒一下，有几个问题不建议大家问。

不建议主动问薪水。如果面试官在整个面试的环节都没有问你现在的薪资水平或你对薪资的期望，那就很有可能现在还没到那个环节。每个公司的流程不一样，可能会有专门的人力资源部的同事会在适当的环节和你讨论薪资的话题。抑或是对方觉得你根本就不合适，为了节约时间，不用谈薪资。总之，当对方没提到这个话题的时候，不建议主动问，因为这会给对方留下你非常介意薪资的印象，只会减分，不会加分。

很多候选人会问："您觉得我今天表现得怎么样？"拜托，这又不是选秀节目，一定要现场点评。而且在工作面试中，面试官其实很忌讳直接给出负面的评价，因为这会让双方都难堪。即使你真的表现得很好，面试最终的结论也经常是由几个面试官在几轮面试下来后共同商讨才能确定的。如果面试官提前和候选人说了自己的好恶，很容易给候选人造成导向性的影响，会给后面的决定造成隐患。所以，通常成熟的面试官即使和你聊得很愉快，也不会马上说"我要你了"！如果你表现得不好，人家也不可能当面告诉你，你哪儿有欠缺。

我在以前的公司里遇到过这种情况，部门经理在面试中直言告诉候选人哪些方面不合适，结果候选人现场大怒，一定要给个说法，到前台大吵大闹。所以不要指望面试官现场给你什么点评，表现得好不好，自己当场就应该有感觉，如果毫无感觉，那说明你的情商还需要再修炼了。

再就是不建议问一些过于宏观或太虚的问题。如果你面对的面试官只是初级或中级岗位的员工，问太过宏观的问题可能也得不到什么回答。比如："贵公司未来十年的发展策略是什么？"问这样的问题只会让面试官难堪，因为他很有可能不知道，而且也会让面试官产生质疑，这应聘者是不是太虚头巴脑了？问的问题一点都不实际。

那应该问什么问题呢？

首先，我建议问和职位相关的问题。比如："这个职位是什么原因产生的空缺？是前任离职了还是新增的职位？"如果是前任离职了，了解下什么原因，以便给自己做个参考。或者，"您对这个职位的期望和要求是什么？"这个问题最重要，通常面试官回答完这个问题，你就能判断自己有戏没戏了。看看面试官提到的这些要求和自己是否匹配，如果面试官提到的关键词和自己相距甚远，就只有再去别的地方努力了！而且，通过问这个问题，可以了解市场上对这类职位的能力要求是什么，从而调整自己的发展方向。

另外还可以问和职位发展相关的问题，比如："王经理，我在找下一份工作的时候，会着眼于长期的发展。从过去的经历您也看到，我的发展在每家公司都是很稳健的，最短的一家公司也待了四年半，因此我想了解，如果我加入贵公司，长远的职业发展和空间是如何的，谢谢！"

当然，要注意，在问职业发展和晋升空间的时候，一定要表达自己是踏实稳定的人，不要给别人你第一步还没走好，就开始考虑后面的问题，不切实际或不踏实的印象。

最后，可以问问公司发展的问题。一是这个问题真的特别重要，我们在找工作的时候需要考虑企业的发展可持续性，另外通过问公司发展的问题，能体现自己求职的动机。比如："我注意到，最近贵公司接连收购了 A 公司和 B 公司，想了解目前整合的情况如何？这次的收购对公司长远发展的影响如何？"

Q4：如果在小组面试中遇到特别固执的队员，该怎么办？

首先，无领导小组的面试是没有正确答案的，所以并不一定要在小组讨论中争个是非黑白，关键是你是否能很好地和小组成员互动，发挥团队组员的作用。

记得有一次在无领导小组讨论中，有一组人很少，只有三个人，两个男生，一个女生。两个男生都非常强势，对自己的观点都很坚持，且都言之凿凿，那个女生则基本处于"打酱油"的状态。眼看时间差不多要到了，这两人还没有"决出高下"，我和同事心想：这下有好看的了。这时，其中一个男生可能意识到了时间的问题，他看了看表，然后停了一秒，对对方说："这样，我们现在只剩五分钟了，我虽然还是保留我的观点，但是为了完成我们小组的结论，我先同意你的意见，我们尽快讨论下一步总结陈述的问题。"

听到这句话，我和我的同事不禁相视一笑，在他的名字上打了个勾，让他直接进入下一轮面试。你看，他的话虽然很简洁，但是多么有力，传达出了：一，他关注时间；二，他顾全大局，暂时的让步有效解决了冲突；三，布置了下一步的工作。这些都体现了他的团队合作能力和领导力！

四 | 赢取 offer：
"卖身契"的学问

A. 什么是"offer"？

雇佣意向书，也叫录取通知书，俗称 offer letter。

标准的 offer 里应该包含这些关键的信息：

①工作岗位★

②职级★

③汇报上级★

④工作地点★

⑤入职日期★

⑥劳动合同期限★

⑦试用期期限★

⑧约定的工资金额、税前月薪、多少个月、有没有奖金、奖金怎么发★

⑨福利约定

⑩假期约定

⑪对试用期和劳动合同终止的约定★

⑫相关聘用条件

在以上这些信息里"职级"并不是每家公司都有，或者对每一条都很严格，但是以上 12 条中带"★"的都是必不可少的，如果一旦缺失，可能会给你后面的工作带来一定的风险。如果在你拿到的书面录取通知书或者邮件通知中,以上带"★"的信息有缺失的话,务必要和雇方进行确认,拿到书面文字确认。

关于职级,这一点一定要事先打听好。在有些公司,虽然同样叫经理,可是级别会有很大的差异,这些级别的差异会直接带来薪资或福利的差异,也会影响日后在公司内发展晋升的速度。

另外,关于福利和假期的约定,即使没有在书面中体现,也需要提前做相应了解。比如年假,有的公司是完全严格按照国家劳动法来安排年假,社会工龄在5年以内的只有5天年假;有的公司则是一入职就有10天年假。这些最好事先了解清楚,不要想当然以为之前公司是怎么样,其他公司都是这样操作的。

一个全面的offer,参考范本内容如下:

保　密

××年××月××日　（此处为录用日期）

雇佣意向书

尊敬的××:

我们高兴地通知您将按照本雇佣意向书所规定的条件被聘用为××有限公司(以下简称"公司") ××部门的××岗位。

汇报对象:××

工作地点:××

入　职

您在公司的入职日期为:××年××月××日。劳动合同期限为三年。

薪　酬

您的薪酬结构将由以下部分组成:

（1）基本工资

您的税前月薪为人民币××元，公司实行13月月薪制度。您的上述薪金中已经包含了各项法定或政府规定的补助、补贴或津贴。

如果您当年12月31日仍在公司任职，则您将享有第13月月薪。如果您当年在公司的服务不足一年，该13月月薪将按照您实际工作的月份按比例计发。如果您于当年12月31日前离职，则将无权享有第13月月薪。

（2）绩效奖金

您的绩效奖金将根据您的业绩评估结果和公司当年奖金制度确定并发放。公司有权决定您是否享有当年度绩效奖金。

（3）个人所得税

以上所述各项收入均为税前收入。公司将根据国家法律和相关法规的规定，从您的上述收入中代扣代缴您的个人所得税。

试用期和劳动合同终止

您入职后的前六个月为试用期。在试用期内，您如果解除劳动合同应提前三天书面通知公司。如您在试用期内经考核被证明不符合录用条件的，公司可以随时解除劳动合同。您通过公司的试用期评估后，如需解除劳动合同的，应提前三十日书面通知公司或以一个月的月薪替代通知期，但双方另有约定的除外。

社会保险费用

根据国家法律和相关法规的规定，您应当参加法定的社会保险和住房公积金计划，公司和您都将按照规定的比例缴纳社会保险和住房公积金的相应费用。您个人应承担的费用将由公司每月从您的薪金中代扣代缴。

聘用条件

尽管公司已向您发出此雇佣意向书，但您与公司建立劳动合同关系应以如下条件得到全部满足为前提：

（1）您在规定的入职时间前来公司报到并开始实际工作；

（2）您应在入职前到公司指定的医院接受体检并且由医院证明您身体合格；

（3）除应届毕业生外，您应当在入职时提交您前一用人单位的退工证明；

（4）您的个人档案能够由公司（或公司指定的第三方）保管；

（5）在您入职之后的一个月内，您的社会保险关系可以被转移至公司；

（6）您应在入职时与公司签订劳动合同。

您与公司建立劳动关系前，应已经与前任雇主终止了劳动关系，并且未与其他任何单位建立劳动关系。

并且，您承诺您的受聘行为将不会违反您向您的前任雇主承担的任何义务，也不会造成公司因聘用您而向任何第三方承担任何法律责任。

本雇佣意向书旨在提出雇佣要约，其有效期为自发出之日起10天。请于有效期内在本文本上签字并寄回原件于公司人力资源部以确定接受本要约。

本要约附属于劳动合同，且本要约所含条款仅在公司与您签订正式劳动合同后生效。如果本要约与劳动合同有歧义，以劳动合同为主。

我们真诚地期待您的早日加入！

××

人力资源经理

××有限公司

本人已阅读并签字确认同意接受上述雇佣条件。

××

××年××月××日

一份 offer letter 是否具备法律效应呢?

在我以往的经验中确实遇到过这种情况:企业给候选人发出了录用通知书,但是在候选人上班之前,企业因为各种原因要取消这个录用,这时候候选人有什么办法呢?

这里就涉及一个问题,offer letter 到底是否具备法律效应? 严格来说,书面的录取通知书只有作为劳动合同的附件时,才具备法律效应。也就是说,只有签署了劳动合同,offer 才有法律效应;如果没签,offer 就没法律效果。这时候对企业来说,他并没有法律上的责任,只有道义上的问题。

对企业来说,他会有各种原因:组织结构调整,业务模式发生变化,或者是用人部门负责人发生变化,这些都可以构成企业撤销录用的原因,但是这些原因都会对候选人造成巨大的影响,尤其是已经在原单位离职的候选人。这该怎么办?

其实凡事都是预防为先。一旦收到公司的录取通知书,就需要在上班之前保持和对方 HR 紧密的沟通,以确保第一时间知道变化的消息。

其次,如果真的发生这种情况,对企业方来说终究是不在理的一边,所以候选人需要和企业讲明自己所处的尴尬境地。一来看企业内部还有无其他合适的岗位可以录用;二来可以了解这个录用是延期了还是取消了,延期的话自己是否可以等,取消的话自己是否可以索要补偿。在我以往的人力资源从业经历中,遇到过两次企业撤销录取的情况,最后企业都是付给候选人一个月的薪水作为补偿金。所以,如果真的碰到这种情况,也要沉住气,想出解决问题的办法。

B. 选 offer 时要考虑哪些问题

如果我现在手上有两个或者更多的 offer,我该怎么选择呢?

其实这个问题真的很难回答,我也一直很怕帮别人回答这个问题,因为第一我不了解具体情况,第二万一人家听了我的意见,结果进去以后工作不开心那就麻烦了。

不过,我能提供的是一个选择 offer 的方法。首先,我们来看看影响你选择的有哪些因素,我总结的主要有六个。

☆行业

对于有些职能类的岗位,比如行政、财务、法务,是没有很大的行业局限性的,那在选择的时候其实需要考虑哪个行业在未来的中国更有发展空间,或更稳定。

比如说,一个职位属于儿童教育行业,另一个属于传统的平面媒体行业。那自然是儿童教育行业的发展空间会更大一些。

当然,在选择行业的时候,还有很重要的因素就是自己的兴趣度。比如,同样是传统的百货零售业,虽然整个行业也是在走下坡路,但如果你就是对这个领域特别有兴趣,也具备相应岗位的技能专长,那还是可以考虑的。

☆公司

这个公司的品牌是否有吸引力;公司的规模是否是自己适应的(有人喜欢在人多的公司上班,有人则喜欢在人少、亲密度高的小公司);办公地点是否方便,每天预计花多长时间在上下班交通上;办公环境的比较,哪个更能满足自己的需求等。

☆岗位

这个职位的名称是什么,总监、经理、主管? 这个工作具体的工作职责是什么? 工作权限有哪些? 负责区域有多大? 哪个工作对自己的能力提升更有帮助,更能帮助自己达成自己的职业目标?

☆老板

未来直属老板是个什么样的人? 你们的风格文化是否搭配? 他是否愿意并有能力教你? 未来 3～5 年,你是否愿意成长成像他那样的人?

☆薪资

薪资的构成、月收入、年收入、福利(包括年假、附加商业医疗保险、住房补贴等)。关于薪资福利这块在后面我们会详细谈。

☆其他

是否有一家公司能帮助解决户口？是否需要顾及介绍人的情面？

……

好了，罗列出这么多条目，你是不是越来越纠结了？那我们用一个 offer 评估表来看看，打个分就一目了然了。

在下面的表格里，分值这一栏，每个项目的满分为 5 分，请根据你的实际情况给两家公司打分，0～5 分不等。

但是因为考虑到每个人实际在选择工作的时候最关注的点是不同的，因此我们设计了三个权重分，在下面六项只能挑出三项对自己最重要的影响因素，每项可以乘以 10。

评估项	权　重	A 公司	B 公司	备　注
行　业				
公　司				
岗　位				
领　导				
薪　资				
其　他				
总　分				

大家还记得前面提到的因为一蹶不振，在家里待了好长时间的 Andy 吗？经过重新的调整定位，找回信心，他同时拿到了两个 offer，这让有选择困难症的他很苦恼，再次找到我。

一见面，Andy 就介绍起这两个 offer 的情况来：

"A 公司的工作机会就是上次我那哥们儿帮我介绍的，总经理是他老婆的同学，清华毕业的高才生，这是家刚创立的医疗器械公司，成立时间不长，但是产品很前沿，而且已经获得了 IDG 的风险投资。提供的岗位是市场部经理，向总经理（创始合伙人）汇报，月薪 15000 元，主要工作是进行在专业领域的产品推广。

"B 公司是猎头推荐的一家当地知名的购物中心,提供的职位是市场部经理,向分管市场企划的副总裁汇报,工资是 16500 元。

"其实吧,这两个 offer 看上去差异不是很大,各有优势。A 公司的行业特别好,是我一直想进入的朝阳行业,而且老板的口碑和能力很好,跟着他能学东西,但是毕竟现在公司规模不大,以后能做到什么样也说不好;B 公司知名度更大,一说谁都知道,薪水又更高一些,但是现在购物中心的日子不好过,整个大的零售行业环境都不好,这家购物中心的位置在商圈的边缘,有点尴尬。所以说各有各的好,各有各的风险,我实在不好选择,听听你专业的意见吧!"

我告诉 Andy:"首先要恭喜你,两家公司都录用你,这是对你能力的认可,但是听你刚才的描述,觉得你什么都想要,但是现实生活中鱼和熊掌不能兼得,你必须先梳理出你最关注的三个选择因素。"

Andy 想了想说:"经过了之前公司管理层地震,行业萎靡,导致我在家待业这么长时间这件事情,使我觉得我现在最关注的还是行业、领导、薪资那这三点。"

"好吧。"我拿出了 offer 评估表,在行业、领导、薪资这三条后面加上了权重,每一条我们又重新过了一遍,他写了自己心目中的分值,最后他个人的选择 offer 评估表如下:

评估项	权 重	A 公司	B 公司	备 注
行 业	×10	5×10=50	2×10=20	A 公司是新兴医疗行业,B 公司是传统零售行业
公 司	–	3	5	A 公司知名度还不够高,B 公司家喻户晓,上班距离差不多
岗 位	–	5	5	两家公司给的职位都一样
领 导	×10	4×10=40	3×10=30	A 公司的直线领导是公司合伙人,B 公司的直线领导是个 VP,能力看不出很大的差别,A 公司领导行业口碑不错,且更有感染力

续表

评估项	权　重	A公司	B公司	备　注
薪　资	×10	3×10=30	4×10=40	B公司的薪资比A公司高10%
其　他	－	5	5	A公司是朋友介绍，B公司是猎头推荐，没什么太大差异
总　分		133	105	

经过各项打分及权重的设置，最后 Andy 看着这个表，心里有了答案。

对于各位正在纠结的朋友们，希望这个 offer 评估表也能帮助你做出正确的选择！

C. 如何谈 offer

怎么谈薪资？这应该是大家最关心也最敏感的一个话题了！

我见过不少候选人，在面试阶段问他对薪资的期望时，都说"我不在乎给我多少钱，我在乎的是这份工作"。可到真正准备录用他的时候，候选人又开始磨磨唧唧，讨价还价了。

到最后时刻再表现出对钱的关注，表现出前后不一致，实在让面试官对候选人的印象大打折扣。对很多中国人来说，都觉得不好意思谈钱，不想在面试中给面试官留下一个自己太关注薪水的印象，结果反而容易造成一个尴尬的局面。与其这样，还不如开始就谈清楚。

那怎么谈薪水，既能达到自己的薪资期望，又不影响自己的专业形象呢？

首先，在面试之前，对这个岗位应该有个大概的了解，通过行业里的朋友或猎头，了解这个岗位的薪资构成：有多少个月的底薪？有没有双薪？年终奖大概有多少？绩效奖金有没有？是怎么考核的？

尤其是很多公司在讲他们薪资结构的时候会说"我们是 15 薪"，那就需要你了解除了正常的"12 薪"以外，那 3 个月的薪水是怎么定义的。是 1

个月双薪,2个月根据全公司业绩状况,每个人都能拿到的奖金,还是额外3个月是每个人都能拿到的奖金?去年平均发了多少?

对于高级管理人员或者关键岗位员工,有没有特殊的留才计划?这种计划通常和员工的服务年限和关键考核指标挂钩,什么情况下可以拿到,提前离开会有什么损失?

对销售人员来讲,销售提成是如何计算的?销售人员能拿到的每月平均销售奖金是多少?

另外对于高管来说,是否有股票或期权计划?如果是已经上市的公司,股票的行权期限,大概的估值是多少?如果是还没有IPO的公司,那自己就要对行业发展趋势和公司业绩前景进行判断了。如果是给股份,需要明确是干股还是要花钱认购的股份。

其次,了解下整个薪资的范围。底薪大概从多少到多少,年薪从多少到多少,奖金能够拿到的比例有多少。

最后,还要了解一下福利:五险一金是否是足额上的?是否有饭补、话补、交通补助、节日补助?有没有置装费、房屋补贴、商业医疗保险?如果是异地入职,是否有搬家补贴?

不要小看福利,就商业医疗保险一块,不同的公司员工实际能享受的福利能有好几万元的差别。了解福利,更多的是要有个整体薪资的概念。有时候可能A公司的底薪会比B公司少1000元,但是很有可能A公司的整体福利会比B公司高出5万元,这都需要综合来考量。

上保险的基数,每家公司也有不同操作模式。有的公司按当地最低工资标准缴纳,有的则按约定的工资基数,还有的公司会承担员工缴纳部分。这样一比,是不是差别也很大?

如果只盯着现金部分,可能对自己损失不小。现在很多年轻的员工更愿意选择税后薪资高的工作,反而忽略了诸如住房公积金、商业医疗保险等福利。年轻的员工刚入职,可能不觉得这些福利重要,可等自己到了要购房的时候,才会发现原来住房公积金是一笔很大的额外收入,在买房的时候能帮上不小的忙呢。

而我的另外一个朋友，在身体突遇紧急状况的时候，能够在北京这么紧张的医疗资源状况下，当晚就很快入住三甲医院，并且及时成功地进行了手术，还住进了国际医疗部的高级单人间病房。这都得益于公司给她上了一份非常健全且高额的附加商业医疗保险。这些福利平时不打眼，一旦遇上紧急状况，却是非常管用的！

相信大家都是在对一份工作有兴趣，且可以接受这个薪资范围的情况下才去面试的。那么现在，充分了解了职位的薪资构成和范围之后，应该怎么去谈薪资呢？

好的谈薪资的策略，应该从面试中就开始贯彻：

①不主动问薪资，不给对方一个只是为了钱才来面试的印象。这种打听薪资的工作应该自己提前做好。

②当对方询问自己之前薪资情况的时候，请如实回答。

很多朋友都曾问过我："我可以在面试的时候把我现在的薪资多说点吗？"我都会反问："你觉得呢？"有的朋友会说："可是我现在的薪资实在是太低了，我怕我说了真实的数字，会被鄙视，会被对方看低。"

现在越来越多的公司要求候选人提供薪资证明，很多公司都是要求直接打印银行工资流水单，银行可是不会帮你作假的！而且薪资是最敏感的，一旦发现有假，就是道德品质的问题，对方就会对你的诚信产生质疑。所以我建议，工资是多少就是多少，实话实说。如果特别低，你就告诉对方，自己公司在行业里就是薪资处于中下游的，这也是自己跳槽考虑的因素之一。这没什么好难为情的。

另外，每家公司都会定期调整薪水，通常是一整年。如果刚好猎头在挖到你，或你刚好面试的时候正是公司要调整薪水的时候，你需要提前告知猎头或 HR，你可能会在一两个月后赶上公司的薪资调整，基于过去几年的调薪比例，今年的调整比例可能会在什么样的范围内。因为面试通常都有个周期，很有可能在对方刚好要录用你的时候，你现在的雇主也在给你调整薪资。你需要对你自己的薪资期望有正确的认识，也需要提醒未来的雇主。因为对 HR 来说，他们通常只会考虑在你现有的薪资水平上的调整涨幅。

为了避免在录用的时候发生尴尬的情况,你需要早点把这个薪资可能变化的情况提出来。当然,你也要有调薪通知书来证明自己的薪资确实调整了。

③当对方主动问到对薪资的需求的时候,自己先不要急于说数字,首先应询问这个职位的薪资构成。面试官通常会拒绝在面试现场回答具体的薪资数字,但是不会拒绝说薪资的组成,所以先从这里开始。

④了解完结构之后,可以从容地说:"基于我对市场的了解,这个岗位在北京的薪资区间应该是年薪30~50万,我相信我的能力和经验,在市场上都处于中上等,这也是贵公司有诚意来和我谈的原因,因此我的期望也是拿到市场的中上等薪资,即年薪45万。"有的朋友曾和我说过他的顾虑,在别人问到薪资期望后,该不该主动报出具体的数字,还是含糊过去。我的建议是,这个具体的数字是没有办法回避、早晚要说的,那就应该自己做好功课,提前了解好市场水平,再给自己一个准确的定位。

那如果对方表示给不到自己的期望该怎么办,该争取还是妥协? 这就取决于你是否有足够多的谈判筹码。你需要了解对方这个职位的招聘紧急程度,是否还有其他强劲的竞争对手,自己是否真的急于要这份工作。

如果你了解到对方公司这个岗位希望能尽快到岗,自己是进入最终面试的唯一候选人,且自己也还有其他的选择,那为什么不坚持自己的要求呢?

当你特别坚持自己的原则,但是对方就是不能满足的时候,是否有其他的解决办法? 比如可以和对方谈:要求在职位名称上,从高级主管变成副经理;增加额外的交通补贴,或者给予一次性的签约奖金……这都是可以灵活变通的方式,可以最大化地保护自己的利益。而且这也是我在过往实际操作中真实发生过的案例。

同样,对于企业来说,如果真的想要这个人才,在薪资范围限定死的情况下,也一定会动脑筋来找变通的办法和候选人协商,争取达成共识。

在这个过程中,如果是有猎头推荐,请把你自己的底线和期望告诉猎头,让他们帮你去争取吧。但如果是自己直接应聘的,态度一定要诚恳。这种谈判就是要晓之以理,动之以情。所以,没有什么是不可能的,就看你怎么给自己争取了。当然，不要忘了，前提是你自己是否有谈判的筹码。千万别盲目漫天要价，结果被 HR 踹出来，还被圈内人士笑话。

D. 题外话：如何谈离职？

◎ 如何提辞职申请？

不管你是找到了钱多、事少、离家近的新工作，还是准备下海遨游自己创业，抑或是不管不顾地"裸辞"，真到提辞职的那一天，心里应该是很爽的吧？我的很多小伙伴都告诉我，提了辞职以后，心里别提多轻松了！

可是，把话说完真的就轻松了吗？如果离职处理不好的话，也很麻烦呢！

首先，到底怎样才算正儿八经地"提辞职"啊？发个短信，发条微信，见面打个招呼，写个邮件？

错错错！这样都不正规，且从法律角度来说也不算数。真正有法律效应的是必须有亲笔签名的辞职信，并附上日期。从劳动法的角度，书面提出辞职信 30 日以后，离职就生效了。

那辞职信上该写些什么？

我见过不少文采出色，饱含感情的辞职信。这样当然好，但其实一句就够了：

> 本人因个人原因提出辞职，非常感谢在公司工作期间领导的照顾，预祝一切顺利。
>
> ××（亲笔签名）
>
> ××年××月××日

然后把信交到人力资源部就可以了。同时再补一封邮件，发给直线上级，抄送给人力资源部。

◎怎样进行离职面谈？

如果你是公司的人才，或者虽然你不是人才，但是对老板来说，现在还不希望你走，必然要找你谈话，期待你留下。那谈话时该注意些什么呢？

首先，可以真诚地表达出自己想离职的原因。是个人、家庭的原因，还是发展平台问题，理由一定要说充分。

其次，听听对方对你的离职原因是如何应对的，是否能真的帮助你解除顾虑，是否能有相应的承诺，并有时间期限。

到这里，确实有很多人会动心。公司这时候很可能会拿升职加薪来留你，那这个时候到来的薪水和职位，真的是自己想要的吗？和外面新的机会相比较，到底哪个更能打动自己？我没有答案，相信每个人心里都会有自己的答案！

我个人的建议是：从专业的角度来看，不要轻易地提辞职；如果提，一定是自己做过充分成熟的考虑后再提。最好不要拿辞职作为和公司谈判的筹码。首先，公司离开了谁都照样转，不要太把自己当回事儿。其次，即使短期因为自己的知识技能或特殊资源，公司会用升职、加薪来挽留，从长远来说，公司必然觉得你已经是个没有忠诚度的员工，留你只是因为短期内你对公司还有价值，而不会把你作为长期培养的对象！

这就好像夫妻两个，动不动就说离婚，感情必然是有裂痕的。有了裂痕的感情，又怎么能经得起岁月的考验？一有更努力的"小三"出现，这婚铁定离啊！

所以，要么不提辞职，一旦想好了，就义无反顾地走吧，不要留下遗憾。

话说回来，在离职面谈中，我们要表达些什么呢？

我的建议是，不用在"为什么离开"的问题上纠缠，因为这是已经下定决心要做的事了，多说没有意义。要表达的，应该是感谢和建议。

感谢是因为：毕竟你能找到更好的工作，要感谢你在之前的工作岗位上的锻炼；哪怕你在这里做得不开心，也要感谢这段不愉快的经历让自己能认真思考自己的未来，能让你有动力去追求更完美的自己！所以，一定要用感恩的心态，真诚地感谢你的领导。

那又要怎样给出建议呢？离开这个工作环境，多多少少是因为对这里的工作有不满意的地方。那是不是趁着要走的时候来个大发泄，不吐不快呢？

非也。首先，提意见也要看对象，要有方式和方法；其次，要带着对公司负责的态度去提建议。只要大家能看到你是为了公司好的态度，对你的建议也会认真对待的。

总之，本着好聚好散的原则，大家和平分手，没有必要在走的时候闹个天翻地覆。毕竟在边上看热闹的人，不知道其中的故事如何，不知道你是有理没理，何必让自己成为别人茶余饭后的谈资呢？更何况，如果大闹，传到新东家耳朵里，也显得你不专业，不是成熟的职场人！

◎怎样进行离职交接？

下定了决心，提交了书面的辞职信，就尽快以书面的方式和公司确认你的离职日期吧。这时候，还有好多事情要做呢：

①赶紧准备你的离职交接清单。你的工作文件、电脑文件、钥匙、跟工作有关的对外联系人的通讯录，都分门别类做好清单目录，准备上交公司。

②和财务确认一下，自己还有没有什么借款没有还，还有没有报销没有拿到。

③电脑里的文件整理归档，私人的资料整理拷贝，在公司电脑上不要留下个人的信息，包括开机时会自动登录的聊天工具，IE 浏览器的收藏文件和自动登录的密码。不要让离职之后的电脑泄露自己的个人信息。

④和人力资源部确认下，自己剩余的年假，剩余的加班调休。明确这些假期是可以在离职之前休掉，还是公司折现。如果折现，公司是以什么标准折现，什么时候支付。

⑤如果公司之前有些特殊的福利，比如：长期留才计划，询问一下自己是否达到了领取的时限和标准。

⑥查看涉及赔付的相关协议。如果你属于某些特殊岗位，与公司签署了竞业限制协议和培训协议，要注意其中的条款。

首先就竞业限制协议而言，如果企业单方面要求员工在离职之后不能在同行业工作，但是并不为此支付相关经济补偿费用，那这份协议肯定是无效的，员工个人无须承担竞业禁止的义务；如果企业明确了支付相应的经济补偿费用，需要明确这笔费用的支付方式、金额和时限。因为目前相关法规并没有对经济补偿费用的补偿数额和补偿方式进行具体的规定，因此这个补偿数额的标准和方式应由企业和员工自行约定。最好在签署的时候能找律师看一下，不要让劳动者个人的利益受到伤害。

如果培训协议有明确规定由公司送你外出参加某个培训且规定了培训后相应的服务期限，只要没到相应服务期限就需要进行赔偿的话，首先这个培训协议是合法的，你必须遵守。其次，作为个人需要明确关于培训费用的补偿，企业必须能拿得出来实际支付培训费的合法凭据，而且这个费用应该在合理的范围内。最后，即使你没有干满约定的服务期，也只能是按照你未干满的时间和总的服务期的比例来承担相应的培训费用。所以，自己在企业内签署的任何文件都应该事先看清楚条款，不清楚的话最好及时咨询专业律师。

E. 准备入职

离职搞定了就可以开始准备入职的资料了，这部分同样不能马虎：

☆最最重要的就是离职证明

只要是正规的公司，如果没有看到你的离职证明原件，就不会给你办理入职；如果他们真的不看你的离职证明就给你办入职，只能说这公司胆子挺大的！对个人来说，请务必确认退工单或离职证明的时间没有与入职时间有重叠。

☆体检

其实体检不仅仅是对公司负责任，更是对自己的负责！没有好的身体，怎么能投入工作？定期的体检，早发现问题，早治疗，对自己、家庭和工作都是负责的体现。

　　不同的行业对员工的身体健康有不同的要求。一些餐饮、零售等服务业都要求员工具备健康证，因此体检尤为重要。但是在别的行业，一般来说只要没有严重的传染性疾病，都不构成影响入职的因素。以前很多公司限制乙肝病毒携带者入职，现在国家已经明令禁止在入职体检中检查乙肝两对半项目，只查肝功能就可以了。

　　体检应该到公司指定的体检中心或者指定医院；如果公司没有指定，通常国家二甲以上医院都可以进行入职体检。

　　在体检的头一天尽量饮食清淡，不要喝酒，当天早上不要喝水吃东西，以备抽血。女性应避开生理期，有要孩子的计划的，在做 X 线的时候要提前告诉医护人员。

　　总之，用对自己健康负责的心态去做体检，不要把体检只当成一个任务。

　　☆相关文件的准备

　　通常，公司通知员工入职都会有个入职通知单，明确告知需要的文件清单，尽快去准备，不要到上班第一天的时候才发现这没带那没带，给人很不专业的感觉。尤其是像身份证、户口、学历证明、照片这些最基本的材料应该提前准备好。

　　☆社保转移

　　因为不同地方社保移交的方法会有不同，因此建议在离职的时候了解清楚自己的养老保险、医疗保险、住房公积金转移都需要些什么手续，尽快配合办理，以免影响自己的保险缴纳。

只有好朋友 HR 才会对你说的话

（1）明确了自己的求职方向，发现了自己的兴趣和特长，就到市场上去检验自己吧，让市场的反馈给自己的目标进行校验。

（2）简历就是自己的第二张脸，在有限的一页纸里凸显自己的求职目标和与之匹配的职业技能，千万不要长篇累牍！

（3）要像准备高考那样慎重的态度去准备面试，把握好每次展示自己的机会。不要轻视面试，这都直接影响你的口碑！

（4）面试就是双向沟通，在面试的沟通过程中要做到真诚、独特、专业，把每个细节做到位，即使最后你没能获得这个机会，但是每次的历练绝对能让你快速地成长！

（5）想赢得高薪，先看看自己是否具备获得高薪的知识，技能和实力！是否是市场上稀缺的资源。对市场行情的把握，对目标公司信息的收集以及对自己准确的定位，才能让你谈到一个好 offer！

（6）本着好聚好散的原则，离职的时候尽量把交接工作做得干净利落，在工作上做到让别人挑不出问题来，当然也要保护好自己的利益。要感谢有缘一起共事的同事，维系好每一段职场经历的人脉。

晋级篇

职场修炼，
EQ/IQ 双提升

　　职业的发展是个循环上升的过程。在成功迈入理想的企业之后，树立新的职业发展目标并为之不断奋斗，学习充实自己，对自己的目标进行验证校对，再树立新的目标，再进行实践验证，直到实现自己最终的梦想，这才是完整的职业发展路径。

　　在职场中，我们看到很多人在相同的起点起步，到后面则会走向不同的方向。同时期入职的同事，各自发展的速度也会有不同。

　　最明显的例子莫过于很多公司每年招聘的管理培训生。同一批入职的几十个人，有人可能连试用期都过不了，有人则能很快得到晋升的机会；有人会被动地在不同部门被转来转去，有人则会主动地选择其他的机会；有人在十年后只是一个部门主管，有人在十年后会成为一个事业部的总经理……

　　相信在起跑线上时，大家的智力、能力相差不大，那为什么同样的起点，发展的差距会如此之大？心态、学习能力、政治智慧……这些都影响着我们在职场的发展！

　　在这一篇里，我从人力资源从业者的角度，谈谈我看到的职场成功人士的共同点，希望对各位读者的发展有所借鉴。

一 | 怎样快速融入
新公司

A. 必须了解的"试用期"

很多朋友对试用期的相关知识一知半解,只模糊地知道在试用期内是可以被公司随意炒掉的。那试用期到底是怎么回事呢?先给大家普普法!

首先,关于试用期的时长设定。根据劳动法的规定,如果合同为期三个月,那试用期最长不能超过一个月;如果合同期是一年,那试用期最长不能超过两个月;如果合同期是三年或者是无固定期限劳动合同,试用期不得超过六个月。所以,如果你遇到一家公司要跟你签一年的劳动合同,但是约定试用期为六个月,这种老板,你可以和他 say goodbye 了!

如果你签了三年的劳动合同,试用期六个月后,公司以各种理由要延长你的试用期,这也是违法的!

如果你在 A 公司入职,签了三年的合同(含六个月的试用期),在工作了两年后辞职,过了一年后又重新入职 A 公司,A 公司又要和你签三年的合同,要求给你六个月的试用期,这时候你尽管告诉公司,你是懂劳动法的,同一用人单位和同一劳动者只能约定一次试用期!即使合同中间中断了,再签也无须试用期!

现在的用工形式特别多,很多候选人现在都是通过劳务派遣单位到公司上班,劳动合同也是和劳务派遣单位签署的,那根据最新的《劳务派遣暂行规定》，劳务派遣单位与同一被派遣劳动者只能约定一次试用期。

至于大家最关心的试用期工资问题，很多单位对试用期的工资都会打折，劳动法的规定是试用期的工资不能低于本单位相同岗位最低档工资的80%或者不得低于劳动合同约定工资的80%！所以，当你遇到无良老板说："小伙子，我看好你！你来我这里工作，试用期满，月薪一万，不过我需要先考察你一下，试用期之内月薪只有四千！"这时候你可以微笑着举起新版《劳动合同法》，掷地有声地告诉他：试用期工资不能低于一万的80%，即八千，不然就请另请高明吧！

而且，如果你合同里约定的工资就很低的话，也请注意，试用期的工资再低，也不能低于用人单位所在地的最低工资标准。因为中国地域辽阔，城市之间的差异较大，所以每个城市的最低工资标准不同。自己可以去当地劳动部门咨询下或查百度。

那么，试用期真的是公司想开除你就可以随时开除你吗？非也！

在试用期内，如果是劳动者个人存在过失性行为，单位无须支付经济补偿金，可以当时通知解除合同。

但是如果单位以劳动者不能胜任工作为由或在试用期间被证明不符合录用条件，公司必须在劳动合同规定的试用期内和你沟通，并举证你不符合录用条件或不胜任工作。否则，也需要提前三十天以书面形式通知员工本人，或者支付一个月工资，才能解除劳动合同。只有当双方协商一致时，才可以解除劳动合同。所以，各位小伙伴，试用期内你们也是受保护的哦！

当然，如果试用期内真出现这种情况，自己也要反思是什么原因导致双方在刚开始合作就这么不愉快，自己有什么经验教训需要总结。

B. "放空"和"吃亏"

不管是刚毕业的大学生，还是已经有工作经验的职场人士，只要进入一家新的公司，进入新的工作环境都会面临巨大的挑战。如何快速融入新公司,对我们每个人的职业发展都起到很关键的作用,毕竟好的开始是成功的一半!

首先,学习谦虚和放空。对于刚毕业的大学生来说,应该比较好调整,毕竟自己什么都不懂,从公司的组织架构到工作流程,甚至到怎么使用传真机、打印机这些都需要从头学起。但是对已经有一定工作经验的职场人士来说,把自己放空,带着学习的心态进入一家新公司是很重要的。

我们公司曾经招聘了一个培训主管,名字叫做 David。David 在加入我们公司之前,在沃尔玛工作了五年,有很好的口碑。在入职后三个月,有一天,我注意到同事们在午餐时都不愿意和他一起。经过调查,我发现老同事都和他不太融洽,大家都不太愿意和他共事。究其原因,同事反映,David 每天都把"哎呀,这个事情怎么能这样呢""以前在沃尔玛我们都是这样做……"挂在嘴上。一次两次,大家还能接受,时间长了,次数多了,大家就忍受不了了,甚至有人直接对他说:"你觉得沃尔玛好,你回沃尔玛去啊!拜托,这里不是沃尔玛!你得接受这里的文化、环境和行事风格!"

David 本人也很困惑,也来找我诉苦,说同事们不是很接纳他,让他很苦恼。

经过分析,我发现这个事情暴露出 David 的两个问题:第一,他还躺在"曾在沃尔玛工作"的光环上,没有意识到自己已经到了一个全新的、完全不同的工作环境中。如果他想在这里成长,需要用开放的心态去学习新的公司的优势和长处,这样才能提高、发展自己!第二,沃尔玛的做法只在沃尔玛的环境里能够成功,到了不同的行业、不同的公司,因为公司文化不同,发展阶段不同,要做的事情都不一样,应该用的方法也不一样。所以把以前的一套拿到新的环境里未必好用,自己要灵活地运用以往的经验。

发现这个问题后,我专门找时间对 David 做了一次辅导,让他认识到问题的所在,并启发他在思考问题的时候,更多考虑公司的现状。半年后，David已经成为部门最受欢迎的同事。他还主动与其他新入职的员工分享融入经验。

其次，要学习、了解新公司的游戏规则。

我认识一个候选人小李，当时我把他推荐到一家世界五百强的药品公司做地区销售经理，他表现得非常好，在第一年就拿到了最快销售增长奖，但到续签合同时，公司却没有和他续合同。后经了解，我发现他犯了一个致命的错误，那就是没有遵循公司的游戏规则工作。

每个公司都有自己的游戏规则，公司的规则有显性的，比如白纸黑字写在《员工手册》里的条款或者公司出台的各种规章制度；也有隐形的、不成文的规定，或者说是一种文化。如果破坏规则，无疑就是职场自杀！比如，在有些公司，越级汇报是大忌！小李当时就是一直越级汇报，导致直接老板怒下"杀手"。

所以，在这里提醒大家，如果你习惯了在扁平结构的公司工作，什么事情都直接向大老板汇报这样的工作方式的话，到了新的公司，就得先搞清楚，这里的汇报流程是怎么样的。什么话该说，该对谁说，都得先搞清楚，不然死都不知道怎么死的！

总之，要成为遵守规则的人，请按显性规则办事；要想被人认为是一个遵守规则的人，则需要按潜规则办事。当显性规则和潜规则发生冲突的时候，按显性规则说，按潜规则做，是最高规则！

最后，学习理解"吃亏是福"。

有一个职场潜规则，是老员工总会有意无意地"欺负"新人。其实有时候也不是欺负，新员工刚到新环境，人生地不熟，一些在老员工看来很简单的事如果让新员工去做，新员工就有可能因为敏感，觉得是在"欺负"自己。比如，新人来了，办公室的饮水机正好轮到新人换水了；有跑腿的事情，大家都在忙，新人反正也要熟悉工作，就让新人去；周末正好要值班，新人就辛苦一下吧……是的，这在部队、学校等地方好像也都如此，这是一个需要正视的情况，我们不得不面对现实。如果我们不能改变，那就快乐地去主动承担吧。多跑腿，能接触到更多的人，了解更多信息；多加班，能更快了解公司的业务……凡事都有两面性，从积极的方面去看新人所受的"欺负"，是不是也变成对自己的锻炼了呢？做的越多，学习的越多，自己展示的机会也就越多。更何况，带着乐观积极的态度工作，也会感染他人呢！没人喜欢和又懒又没有担当的人做同事！

当然了，这里讲的"吃亏"不是毫无底线地任人欺负，而是初入新的环境，要多些付出，包括做事情、和人相处，都要多些容让。大自然讲求的是平衡的规律，你所有的付出，都会在一定的时间里得到回报和反馈。

　　我有个朋友的同事Sam，刚毕业分到到公司的时候憨憨的，办公室里一些大姐都喜欢作弄他。每次和他开玩笑，Sam都是呵呵一乐，从不往心里去。Sam在一家集团公司的下级子公司工作，做了没多久，忽然有一天总部下调令，把他调到集团总部，去给董事长做机要秘书。这一下子，那几个老姐姐可炸了锅，互相猜疑地说："这个小子肯定有背景，不然我们在这里做了这么长时间都没升职，怎么他来了没多久就被调到总部去了呢？"于是，有好奇心重者就去人力资源部打听。

　　负责人力资源的是我的师兄，一个很随和的"大叔"，他一听这几个大姐的问题，就说："Sam是我从学校里挑出来的，我还不知道？他父母都是普通工人，有什么背景？你们啊，别一看人家被调到总部领导身边，心里就不平衡。你们怎么不想想，领导是怎么发现他的？我问问你们，每次从你们子公司到集团总部报送材料，都是谁来送的？你们这半年来，集团内刊上涉及你们子公司的新闻稿件都是谁写的？上次集团开大型培训班，从你们那里要来连续支持了十天的'打杂工'是谁？"

听他这么一说，这几位大姐都没了声音。是啊，办公室总有些要送材料的活儿，可是从子公司办公室到总部要走 15 分钟，夏天有时候气温高达三十七八度，如果不开空调，坐在室内都受不了，更不用说到外面去走 15 分钟了。以前办公室的几个大姐都是轮流去送材料，可自从 Sam 来了，这几个大姐就把这个活儿派给了他，Sam 也乐呵呵地应了下来，不管刮风下雨还是高温酷暑，只要该去送文件了，他就雷打不动地去。

以前写新闻稿也是大家有分工的，可是这几个大姐每天就喜欢扎堆聊电视剧、聊孩子，哪有时间去发现公司的事情？更别说去写稿了。这自然又安排给了 Sam。

最近的一次是集团要开个大型培训班，负责企业大学的领导要从各子公司调人，一听说要连续支持十天，这几位大姐，不管有没有结婚，有没有孩子的，每个脑袋都摇得跟拨浪鼓似的，只有 Sam 呵呵一笑说："我没事儿，我去吧。"

是啊，表面上看 Sam 好像是受了欺负，吃了亏，可老天是公平的，他按时递交材料，给总部办公室的同事留下了深刻的印象；他写的新闻稿频频被刊登，得到了领导的关注；一连十天毫无怨言地支持工作，让他在集团的会议上树立了好的口碑。所以当董事长身边有空缺岗位的时候，大家不推荐他还会推荐谁呢？

C. 看懂办公室政治

只要有人的地方就有政治，尤其是在职场。因为利益的关系，办公室的政治是亘古不变的话题。怎样在办公室政治中明哲保身可真是一门学问，关于这个，我也有些血的教训和心得可以跟大家分享。

1. 要跟对老板

在公司里,由于业务板块不同、个人好恶不同等原因,分"帮派"是很正常的,不要害怕,选择一支"队伍"吧! 并不是说选择了队伍就必须要做什么伤天害理的事,无非就是小圈子里说话多点,交往多点,工作还是一样要做。如果你哪支队都不站也可以,要么会成为两个队伍共同的敌人,要么会成为在这个公司飞过,但不留下任何痕迹的人!

那该怎么选择站队呢? 说实话,有时候你没得选。当你进入公司的时候,可能你的老板或者看你比较顺眼的同事会自动把你"拉入"他们的阵营。如果有跟你气场不对路的同事,或者可能会跟你存在利益冲突的同事,则会自动把你划入与他对立的阵营。如果要完全避免这种困扰,那你就必须只有一个圈子,这个圈子里站着你的老板!

我还真见过有些员工基本上整个职业生涯都是跟着一个老板的,老板去哪里,他就去哪里。这种长期共事形成的默契已经让他们建立了很深的感情,这种感情已经超越了普通的工作关系,里面增加了友情,愈加牢不可破。

追随你所欣赏的领导,选择追随他,进入他的阵营。不过你得记住,你得体现出自己对阵营的价值,这样才能获得同阵营的"战友"的支持! 如果你自己没有价值,工作业绩平平,那么你就只能是个跟随者!

其次,有斗争就会有牺牲,必要的时候,你需要为了你的团队利益小小地牺牲,但是牺牲换来的是你在队伍中更牢固的位置。

我以前认识的一位销售经理就和我分享过,在一次销售会议上,销售总监准备推行他的新政策,但是考虑到团队中其他人的反对会对他的权威有挑战,于是要自己的心腹销售经理——也就是我这个朋友,在会议中提出这个想法。据说在会议上特别地惨烈,销售经理抛出的想法受到了各个部门的挑战,中枪无数,现场销售总监并没有挺他。不过经过了第一次的战役,销售总监了解了各部门的顾虑和反对点,进行了精心的准备,在第二次会议上,销售总监再重新推出这个新政策时,反对声就少了很多,最终新政策得以颁布实施。我的那个朋友,虽然被当了一次枪使,但是在销售总监的心目中,他在成功路上功不可没,地位更牢固了。

2.找到同盟

其实在推进工作的过程中,如果只有你一个人,那是孤独和可怜的;但如果你有一群小伙伴,他们能帮你出谋划策,帮你抚慰受伤的心灵,听听你的唠叨,那是多好的事情! 所以在公司找到志同道合的同事非常重要。

很重要的一点是,一定要选择比你优秀的人成为你的同盟,只有这样,你才能从他们那里学到更多的知识;二是选择阳光乐观的人,这样你每天也能跟着积极乐观。试想,如果每天和一群只会抱怨的人在一起,你除了被当成精神垃圾筒,自己也学会了抱怨外,还能有什么出息? 让你找"同盟",不是让你找人扎堆聊天的,而是让你去结交更优秀的人,让他们带动你成长!

一根橡皮筋,放在超市的货架上,只值1分钱;如果缠上彩色的丝带,变成扎头发的头绳,就能值5元钱;如果经过时尚大咖设计师之手的包装点缀,再加上奢侈品品牌的LOGO,那它的价格就是奢侈品的价格了。我们与谁捆绑在一起,这很重要! 和有理想的人在一起就能一起追求理想,和勤奋的人在一起学不到懒惰,和开朗乐观阳光的人在一起,就会少些抱怨!

《论语·颜渊》里提到:"君子以文会友,以友辅仁。"意思是,君子用文章学问聚会朋友,借朋友帮助培养仁德。可见好的朋友,是自己修行的一部分!

不过,这里我还有个建议:公司里再怎么兴趣相投的同事,在一起谈话聊天还是要注意分寸。相信经常在一起打球的同事往往也会在切磋球技的时候讨论下工作,办公室的准妈妈也会经常聚在一起分享备孕的信息,同时也八卦下公司的同事。在这种轻松的环境下,很容易想到什么就说什么,但和同事在一起闲聊的时候切记,不要在背后说直线主管的坏话。不要忘了,你的升职、加薪、考核都是由你的直线主管来决定的,如果你对他有什么意见,请你当面告诉他;如果你觉得说了也没用,那要么自己调整和适应,要么换一份工作。你可以试想一下,如果你是一个主管,当你从别的同事的闲聊或暗示中发现你的下属对你有不满,你能开心吗?你也不要妄想你的小伙伴会帮你守口如瓶,你自己都不能保守自己的秘密,怎么能指望别人呢?我就见过一个活生生的例子。

　　Vivian是个特别口直心快的女士,她这种爽朗直接的性格帮助她在销售的工作中拓展了很多客户,一步一步走到大区经理的位置上,工作业绩也一直不错。可是,当她这条产品线的全国销售经理岗位空缺的时候,总经理就是不考虑提拔她。我觉得很奇怪,于是问总经理:"为什么不晋升Vivian呢?"总经理笑而不语,在我的再三追问下,总经理说:"因为Vivian缺少做全国销售经理的成熟度。比如,公司还没有正式公布的产品政策,她就跑去客户那里说;其他部门的人员调动,八字还没一撇,她就到处去打听;自己下属的几个团队成员,她每天和A说B不努力,和B说A能力太差,下面团队成员都对她有意见;我只要第一天批评她有哪里做得不对,第二天全公司都知道了……像这样的人,怎么能委以重任?"

由此可见,如果Vivian不改掉她这个随便乱说话的毛病,她的职业晋升道路可能就到此为止了。

3. 害人之心不可有,护己之心不可无

在职场运气不好的话,难免会遇到小人。或者,有的人平时看着挺好的,但是在某些时刻,为了维护他自己的利益,会忽然出手捅你一刀,真让人防不胜防啊!
　　我们不去害别人,但也不能不知道保护自己。保护自己最好的办法,首先就是把自己的工作做好,不要让别人抓到你工作疏漏的把柄,要做到自己

的工作让别人无可挑剔。

其次，面对别人的挑衅，我们先看这个事情该怎么解决。如果是自己出了错，要怎么弥补，怎么防止以后出现同样的问题。如果自己的工作没有问题，那对方为什么要向自己挑衅？是两人的沟通有误，还是对方就是人品有问题？在面对问题的时候一定要理性，切忌在冲动的时候去回应对方，这样反而会让别人抓住把柄。

当我们抱着解决问题的态度去面对质疑的时候，当我们从每次斗争中总结经验教训的时候，我们就在职场中一步步成长了！

D. 塑造自己的职场形象

1. 明确自己的定位

提到定位，大家第一反应都认为定位是市场部的职责，是针对产品去进行的，其实不然。定位的核心是找到自己在其他人思想中的位置。比如，一提到去屑洗发水，大家心中自然就会想到海飞丝——这就是海飞丝的定位。我们的定位就是塑造我们在别人心目中的形象和位置。

在做 HR 的时候，每次同行聚会，都有个亘古不变的讨论话题：人力资源价值的实现。结合这个话题，大家说的最多的就是，我们在公司到底是什么样的定位。不同的公司因为管理层领导风格、行业特点、公司发展阶段的不同，对人力资源的定位也是不同的：有的公司，人力资源负责人会进入公司最高决策层的领导班子；有的公司，人力资源会被定位为战略实施的资源调配者；有的公司，人力资源会被定位为业务合作伙伴；有的公司，则会被定位为服务的提供者或后勤保障的管家……公司对岗位的定位，直接决定了这个岗位上员工的定位。如果你所在公司对人力资源的定位是战略决策者，可是你偏偏是一个擅长执行、不善于宏观思考的人力资源部门负责人，那你可能很难在领导班子的会议上跟上管理层的思路，平等对话。

如果你所在的公司对人力资源的定位就是负责招招人、发发工资，不出事就好，你却每天拉着业务部门要和他们谈流程改造、组织发展，人家也会觉得你很奇怪。

所以，在一家公司里，首先要明确公司对岗位的定位，再评估一下自己的技能、知识，是否满足岗位的定位，分析一下自己的性格特点，是否适合这个岗位的定位。

当然，随着自己的成长和角色的变化，对自己的定位也需要改变。

以前我们公司招聘过一个管理培训生Amy，她非常乖巧，很懂事听话，工作踏实，大家都把她当小妹妹。她在公司的成长也很顺利，一晃五年过去了，她也从一个应届大学生，成长为一个人力资源部的高级主管。可是，这时她的工作却出现了一些瓶颈，因为她负责员工关系，在协调一些员工调配，处理争议的事件中，老是不得力，在和业务部门的沟通中有点唯唯诺诺。因此，有业务部的经理开始投诉她。

后来我问 Amy："到底是什么因素阻碍你施展拳脚开展工作呢？"Amy 说："不是我不想把工作做好，是大家老把我当小孩，我根本没法和他们平等沟通。比如，你让我和大区经理谈员工解聘问题，我怎么和他谈？ 他是大区经理，我却只是个小主管……"

听到这里，我打断了她的话："Amy，这就是你的问题了。你和大区经理确实在职级上有差别，但你们的分工是不同的，他的大区经理是在销售这条线上发展的职级，而你在人力资源的领域工作了五年，你的人力资源专业知识和素养绝对不输于他。再说，你们都是公司的员工，现在是在一起共事，商讨处理公司的事情，这和你的职级没有关系，因为你身上有公司赋予你的责任。另外，你自己有没有主动和他沟通过？ 如果你没有主动和大区经理沟通过，你为什么要自己给自己设定心理障碍，觉得人家把你当小孩呢？ 你对自己的定位到底是什么呢？"

听了我的这番话，Amy流着眼泪说："是的，其实别人怎么看我，都取决于我自己怎么看自己。我已经不是五年前那个懵懵懂懂的大学生了，我在工作中积累了经验和技能，可是由于我的怯懦，并没有很好地展现，让别人眼中的我还停留在以前的印象里，觉得我就是听话，其实什么都不懂。现在的我一定要更自信，改变别人对我的看法！"

是的，想走出别人对你固有的印象说难也难，说简单也简单：自信专业地表达自己的意见，平等尊重每个同事，不管他职位的高低，微笑着面对压力和挑战，终有一天，你会赢得大家的尊重，塑造出自己的职场形象！

再给大家分享一个古希腊神话故事。

塞浦路斯的国王皮格马利翁是一位有名的雕塑家，他精心地用象牙雕塑了一位美丽可爱的少女。后来，他深深爱上了这个"少女"，并给它取名叫盖拉蒂。他还给盖拉蒂穿上美丽的长袍，并且拥抱它，亲吻它，真诚地期望自己的爱能被"少女"接受。但它依然是一尊雕像。皮格马利翁感到很绝望，他不愿意再受这种单相思的煎熬，于是，他就带着丰盛的祭品来到爱神阿弗洛狄忒的神殿向她求助，祈求女神能赐给他一位如盖拉蒂一样优雅、美丽的妻子。他的真诚期望感动了阿弗洛狄忒女神，女神决定帮他。

皮格马利翁回到家后，径直走到雕像旁，凝视着它。这时，雕像发生了变化，它的脸颊慢慢地呈现出血色，它的眼睛开始释放光芒，它的嘴唇缓缓张开，露出了甜蜜的微笑。盖拉蒂向皮格马利翁走来，她用充满爱意的眼光看着他，浑身散发出温柔的气息。不久，盖拉蒂开始说话了。最后，皮格马利翁的雕塑成了他的妻子。

这就是心理学上著名的"皮格马利翁"效应，福特也称它为"标签效应"，就是说，只要把自己想要成为的样子再三地在心理上加以强化，从各个方面去不断改造自己,你就能成为自己理想中的样子。

明确了自己的定位,还需要通过努力去实践、塑造这种形象,为自己贴上你想要的"标签",比如踏实能干、刻苦敬业等。

我之前共事过的一个部门经理,她负责的是卖场管理,在还没认识她的时候,我就听说她很能干,很敬业。开始我还不是很确信,直到我发现,不管我什么时候去卖场,都能看到她在工作,要么在指导员工,要么在巡视陈列,要么亲自动手和员工一起理货。我终于知道,她的敬业勤奋的形象是踏踏实实做出来的。

在职场中,我们也听到过,大家一提到某某,就会说:"哦,那位爷啊,就是个棒槌""那个谁谁谁啊,咱们公司没见过比他更懒的,千万别调到我们部门来"……这里的"棒槌"和"懒鬼"也是一种职场形象的代表。相信正是他们日积月累的陋习和"罪行",才让广大人民群众给他们贴上了这样的标签!

各位读者,请静下心来想一想,你在同事的心目中是个怎样的职场形象呢?你准备打造一个怎样的职场形象呢?

2. 赶走"乌云",保护"阳光"

因为工作的需要,我曾经受邀开发设计"阳光心态"这门培训课程。在备课的过程中,我翻阅了大量资料,发现不管国外还是国内的职场成功人士,他们的成功因素各有不同,但都有一个共性,那就是乐观的心态。但凡成功者,都有一个好的心态,并能管理好自己的心态。可以说,心态决定一切。

(1)"阳光心态"和"乌云心态"

那什么是好的心态呢?当我们闭上眼睛,想象一下阳光的感觉,我们的脑海里很自然地会出现出太阳、蓝天、白云、花朵等这些让人感觉温暖、愉悦的画面和场景。

那有没有哪个人，当你想起他的时候，你的心里也同样会浮现出这些美好的场景和画面，也能给你带来温暖的感觉呢？这个人是否在你的生活中给过你支持和帮助，在你迷茫困惑的时候给过你启发和指引？

你有没有想过，在别人的印象里，你是否是这样一个温暖阳光的形象？你自己是否能像太阳一样照亮他人？

是的，正是这样一种积极、宽容、感恩、乐观和自信的心智模式，能够让你去影响和感召更多的人，也让自己有更强大的心理满足感。它是一种健康的、成熟的心态，也是一种强大的心态。我们称之为"阳光心态"！

我们总说一个人心态不成熟、心理不健康或者内心不够强大，其实就是因为他没有"阳光心态"。

这个心态和性格无关，不管你是内向还是外向，只要努力，都可以做到"阳光心态"。我记得读大学时有个辅导员沈老师，她绝对属于那种心静如水的人，平时言语不多，安安静静的，但她辅导同学时，说起话来不温不火，不急不躁，却句句都能说到点子上，再偏激的同学都能在她的指导下冷静下来。我常想，如果有更多的大学辅导员老师能像她这样"润物细无声"，是不是会有更多的青年才俊能发挥出自己的潜能！这样安静内向的人，何尝不是个阳光的人，能照耀温暖着她的学生！

在职场上，"阳光心态"也有很多具体的行为表现，尤其是和"乌云心态"作对比来看时，这种表现更明显。

我们来举个例子，当在自我认知上遇到了问题和挑战时，不同的心态会如何评估自己能力？

"乌云心态"会对自己过分悲观，低估自己的能力，喜欢放弃，这样会错过很多机会。

"阳光心态"则会仔细分析自己的任务，正确地判断会有什么困难，不轻易放弃，坚信自己有能力克服困难。当然也不会过分乐观，知道自己应该在哪方面努力去弥补不足，因为自信不等于自大。

这种心态的差异在同一个团队时表现得尤为明显。当我们给团队成员设定年度工作目标时，有时候会设立一些有挑战性的目标，这时候心态的差别就显露无疑。阳光的员工会意识到这是对自己的挑战,如果把握好了这个机会,自己能锻炼到更强的能力,经历不同的体验。但是他们也不会盲目应承下来,而是会和直接上级分析自己如何能达到这个目标,需要什么样的资源和条件,自己可能遇到的问题,如何把风险降低,最后设定出具体的行动方案。

而有的员工一看到有挑战的目标就开始退缩,连连摇头,觉得这个目标遥不可及,自己绝对不能试,试了只有死路一条,没准多少人等着看他的笑话呢!或者是在领导的坚持下先勉强答应,然后自己回去纠结到郁闷,最终还是放弃!

可想而知,如果你是领导,你更欣赏哪种员工?更愿意培养和提拔哪种员工?

当面对他人时,"乌云心态"的人会记恨那些伤害过自己的人,将内心封闭起来,对任何人都存有戒心,把人往坏处想,嫉妒比自己强的人,很难有良好的人际关系。

而"阳光心态"的人则会存有包容和感恩的心,认为过去的伤害都是成长的动力,感谢那些为难过自己的人让自己成长,以更开放积极的心态去与人交往,人际关系自然不错。

在职场中,大家站在各自部门各自岗位的立场上,难免观点会有不同,工作中会有摩擦,其实很多冲突都是因为工作而产生的,没有必要上升到针对个人的攻击,这样就太不成熟了。

那作为被伤害的一方,如果能"以德报怨",那无疑是最高境界了。如果做不到这么高尚,"阳光心态"的人至少不会去做损人不利己的事情。

没有阳光的心态,空有本事,很难在职场立足。

我就曾遇到这样一个同事:她学历高,工作能力也是有的,按道理说,她的智商、情商都不低的,偏偏在职场中自恃清高,用"鼻孔"对待基层员工,对能力比她强的员工则每天拿着放大镜去挑人家的错误,每天四处去攻击别的同事,以至于大家想到要和她合作就头皮发麻,深恶痛绝。可想而知,她在公司里没有好人缘,自己总处于被孤立的立场,工作开展越来越困难,绩效表现也不好，最后只能灰溜溜地走人了。其实，如果她的心态能改变一下，多看到周围合作同事的优点，学会欣赏和赞美，她的境遇也会完全不同。

刚才说的是"阳光心态"和"乌云心态"的人在处理工作目标、人际关系上的不同表现，下面再来说说他们面对问题时，又会有哪些不同。

"乌云心态"看到的都是问题，到处都是缺点，在这种心态下，每到一家公司，看到的都是这家公司的问题，最后他会说："唉，天下乌鸦一般黑，没一家好公司。"所以我们看到这些人总是在不断地跳槽，而且越跳越差。

"阳光心态"则不同，他会客观地看待事物，凡事有不足，肯定也有优点，积极地去学习优点，想办法提升自己，等达到一定职位和能力后，逐步解决这些问题。他不会抱怨，只会想办法去改变这个公司。这样的人到哪一家公司，都是会飞速晋升、被高薪挽留的人才。

这种状况在面试中体现得最充分。有些跳槽频繁的简历，对面试官来说是会格外重视的，对离职原因会问得更为细致。有的阳光些的候选人能实事求是地解释说明：哪段是因为公司的原因，哪段是因为自己的原因，当时确实太冲动不成熟等。谁没有年少冲动过？如果能正视自己的问题，总结教训，就能不断进步。最怕的是从来不在自己身上找问题，一副完全都是公司的错、领导的错，自己什么问题都没有的样子，这样的人很难进步，在职场上也不会有市场。

其实在职场中，没有十全十美的地方，每个公司在不同的发展阶段都存在这样那样的问题。去解决这些问题，正是职场人的使命，专业人士也正是在处理这样那样的问题中不断积累经验，锻炼能力，慢慢成长的。靠跳槽，靠逃避，既解决不了问题，也不利于自己的职业发展。

（2）"阳光心态"对职业发展的推动

简单分析一下"阳光心态"和"乌云心态"的区别，我们会发现，"阳光心态"其实是我们在职场的四个行为要素的根本。

只有有了"阳光心态"，我们才能更加乐观积极，才能有心理和行为的健康；

只有有了"阳光心态",我们与团队沟通才能顺畅,才能更好地与同事合作,达到高效的目的;

只有有了"阳光心态",我们才能思想开放,不害怕变革,才能更好地创新;

最后,有了"阳光心态",才能真正热爱生活,渴望去成长,而且成长地更好! 生活舒畅了,才能全身心在职场投入!

如同天气有四季交替,风霜雨雪,我们大多数人的生活不可能一直一帆风顺,职场上能坐直升飞机一路扶摇直上的毕竟是凤毛麟角,或者说你只看到了人家光鲜靓丽的一面,却没看到别人努力付出的辛酸。好了,先不说别人,先说我们自己遇到人生低潮时该怎么办,遇到职场不得意时怎么搞?

首先,月有阴晴圆缺,人生遇到不如意的事情是非常正常的。日复一日地做同样的工作,难免会有职业倦怠。我们是否能看到自己工作中的乐趣和价值?

曾经有一个共事的招聘经理和我抱怨,他说:"我已经35岁了,做了这么久的HR,可是现在每天还要给新员工写劳动合同,好烦啊!"

我对他说:"我能理解这些重复的案头工作有时候很无趣,可是你有想过现在的工作中有价值的地方吗? 你帮他写劳动合同的这位员工不正是你经过精挑细选,为企业募得的人才吗? 你给他写的劳动合同不正是让他的工作有所保障,让企业的人力资源工作更为规范吗? 你只看到了写劳动合同这个具体的动作,想想你为他设计的入职融入计划,想想给他做的入职辅导和跟进,想想组织的员工活动……这些不都是有价值的工作吗? 为什么一定要在细微的工作动作上纠结呢?"

这位同仁听了,不好意思地说:"好吧,我也就是抱怨下,我们这行的工作本来也没有小事,劳动合同没写好也会出大事呢!"

这就对了嘛!

"阳光心态"能帮助我们发现平凡工作的价值,从而提升工作的责任感和满意度。

好吧,如果你实在想不出现在这份工作的乐趣,或者用一句很多人常说的话来说就是："我觉得自己缺少激情了！"那么，请感性的你，理性地想一想你的职业规划（前提是你有的话），想想你在这里要实现的目标达到没有？如果目标还没有实现，请你麻溜儿地收拾起矫情的抱怨，想办法去实现自己的目标吧，不成功的人没有资格抱怨，成功的人不会抱怨！我们要做的职业规划，要实现的每一个目标，就是我们在职业困惑期的驱动器和推动力。这才是"阳光心态"的想法！

职场的困境，有时候也包括自己想努力，但是环境不允许，比如所在公司老板不对脾气，公司的支持辅导很少，平台有限等……是的，这些外在的原因很多确实是客观存在，但是为什么有的人能从平凡的、有限的平台中脱颖而出，而你还在原地伤心呢？

遇到问题和困惑的时候，扪心自问："我真的有努力吗？我真的努力改变了自己的环境吗？我真的有去争取过吗？"多从自己的身上找找问题，多想想自己能做什么吧！阳光的人面对困境是会自我施救的。

(3)怎样培养自己的"阳光心态"

a.正视挑战和困难

任何的改变，都需要先解决思想意识的问题！我们要消除自己内心的阴影，搬走在我们潜意识里的石头，让自己更全面乐观地去考虑问题。

诺贝尔和平奖获得者纳尔逊·罗利赫拉赫拉·曼德拉说过：生命中最伟大的光辉不在于永不坠落，而是坠落后总能再度升起！我欣赏这种有弹性的生命状态，快乐地经历风雨，笑对人生。

我相信在每个人的职场成长经历里都有这样的情况：领导对自己的工作不满意；工作量太大；自己对自己要求标准高，压力很大；竞争中会有落败的沮丧……生活中总是有这样那样让我们痛苦的事情。这些困难会慢慢在我们的心里筑起高墙，遮挡住阳光。

写到这里，我想和大家分享一个我在微博上看到的故事：十字架的故事。

这个故事讲的是，我们每个人在生活中其实都背负着沉重的十字架，在缓慢而艰难地朝着目的地前进。就在大家前行的路上，有一个人忽然停了下来,他心想,这个十字架实在是太沉重了,这样背着它,要走到何年何月啊?

于是他做了个决定:他拿出一把刀,开始把十字架砍掉了一些。砍掉一截的十字架变得很轻了,这个人觉得轻松了很多,于是他的步伐也快了起来。就这样又走了一段时间,他想,虽然刚才已经砍了一块了,但还是太重了。为了能更快更轻松地前行,这次,他决定将十字架再砍掉一大块。这样,他一下子轻松了很多,毫不费力地就走到了队伍的最前面!

走着走着,路前边忽然出现了一个又深又宽的沟壑!沟上没有桥,周围也没有路。这该如何是好啊?

这时候,后面的人都慢慢地赶了上来,他们把自己背负的十字架搭在沟壑上,做成一座桥,从容不迫地跨越了沟壑。

可惜啊,他的十字架之前已经被砍掉很大一截,根本没法搭成桥,帮助他跨越这道鸿沟。

于是,当其他人都在朝着目标继续前进的时候,他却只能停在原地,垂头丧气,后悔莫及!

这个小故事在微博上有很高的转载量,每次看到我都特别有感触。我们在人生的道路上何尝不是背负着很多沉重的十字架?有的十字架是学业的繁重,有的十字架是家庭的责任,有的十字架是工作的劳苦……我曾扪心自问,自己何尝没有动摇过,想要偷懒,要丢弃一部分负担,要逃避责任的时候?

可是转念想想,正是因为有这些负担,往往能激发自己的斗志和潜力,逼着自己更努力、更充实,把自己变得更完美!

而且,如果没有经历深刻的痛苦,我们也就体会不到酣畅淋漓的快乐。就像一句诗词里说的,"若非一番寒彻骨,哪得梅花扑鼻香"?

所以在改变自己,消除内心阴影的时候,第一步就是要正视挑战和困难。

b. 不为自己找借口

我常听到有人说:"我也想拥有'阳光心态',但是你们不了解我,我遇到太多不幸的事情，实在阳光不起来。"

当你在抱怨社会的不公平，在你为受到的伤害而不满的时候，我想说，就算你再不幸，也应该不会有尼克·胡哲不幸吧？他生下来就没有四肢，这种患上罕见的"海豹肢症"的概率是非常小的，如果放在其他人的身上，可能这辈子就在病床上安度一生了。可是谁能想到尼克·胡哲的人生却比四肢健全的人还要精彩：他骑马、游泳、踢足球……参与了各式各样常人无法想象的体育活动。同时，他还获得了会计与财务规范双学士学位！他乐观幽默、坚毅不屈的精神鼓舞着每一个接触到他的人，他甚至出版了励志的DVD《神采飞扬》和自传式书籍《人生不设限》，他还通过世界巡回的演讲去鼓舞和感染更多的人，他所实现的成就超越了多少自认为不幸的四肢健全的人！

2012年，尼克·胡哲还收获了幸福的爱情，娶了一个美丽的太太。

可以想象，如果没有强大的精神力量去正视自己的困境，不断挑战自己，他怎么能收获爱情和事业的硕果？

相比尼克·胡哲与生俱来的身体缺陷，我们平时的困难和挑战又算得了什么呢？遇到了困难，觉得自己不阳光了，就分析下是什么原因影响自己不阳光：是自己没自信心？能力有缺失？懒惰？自我控制能力差？太容易受到别人负面的影响？缺少激情和动力？

分析了原因就开始为自己找办法，这才是"阳光心态"人的特点！遇事找方法而不是找理由，这也是唯一让你成功的办法！

在公司里，领导也总是欣赏这样的员工，当遇到问题，他会想，这事我一定能行，我怎么能把这个任务完成？

当遇到问题和挫折，先不要着急去怪环境怪别人，应该去想"我得到了什么经验，我下一次该如何应对"。孔子曰："躬自厚而薄责于人，则远怨矣。"遇到问题多做自我检查而少责备他人，自然就可以避免怨恨了。这样，每一次挫折就是一次成长。这样，不幸就不会接连降临到你头上。最简单的例子是，当年轻人遇到失恋的时候，不成熟的人会十分痛苦，认为自己离开他/她就活不了，或者由爱生恨，恨对方几十年不能罢休。

还有一种不成熟的心态,叫做阿Q精神:还好在结婚前就分手了,不然我就成二婚了,没事,三条腿的蛤蟆不好找,两条腿的男(女)人有的是! 这叫没心没肺,下次恋爱估计还会出问题,接连几次就受不了了。

健康的"阳光心态"应该直面自己痛苦的情绪,反思失恋的原因,总结教训,认真面对新的感情。

c. 乐观积极的思考问题

在我自身的职业经历中,参加过大大小小的培训公开课,专业论坛讲座,一对一辅导,每次都有不同的收获。

我印象最深的是有一次去参加"辅导式沟通"的培训,收获的其实并非是什么沟通技巧,而是当有部门经理向你抱怨员工这样那样不好的时候,先引导这位部门经理去思考员工的优点,他有什么做的好的地方,对公司有什么价值,对团队有什么价值。不要让部门经理只盯着员工的问题,而让愤怒的情绪战胜了理智。其实说到底,也是让部门经理积极乐观地去考虑问题。这个收获让我在后来的职场实践中收益颇丰,化解了不少团队内的人事问题。

劝导别人是这样的,自己遇到困难和挑战,也是如此。当人们在处理冲突的时候,情绪往往会战胜理智,这时多从积极乐观的角度去看待问题,也能让自己更为冷静成熟。我看到不少职场的精英,因为管理不了自己的情绪,往往祸从口出,或者做出极端的事情,断送了自己的前程! 可见情绪的自我管理也是职场精英必修的一门课。

在自我情绪管理方面,有一个很著名的心理学理论,叫做"情绪ABC"理论。该理论由美国心理学家埃利斯提出,他认为激发事件A(activating e-vent 的第一个英文字母)只是引发情绪和行为后果C(consequence 的第一个英文字母)的间接原因,而引起C的直接原因是个体对激发事件A的认知和评价而产生的信念B(belief的第一个英文字母)。即人的消极情绪和行为障碍结果(C),不是由于某一激发事件(A)直接引发的,而是由于经受这一事件的个体对它不正确的认知和评价所产生的错误信念(B)所直接引起。错误信念也称为非理性信念。

简单地说：我们总说郁闷是因为遇到烦心事了，生气是因为身边的人都太可恶了，真的是这样吗？心理学家会告诉你，一个人面对事情所产生的情绪和行动，并非是由这件事情决定，而是由这个人的心态决定。

相同的事，发生在不同的人身上，有人解读为灾难，有的人则解读为幸运。

我们来举个例子吧：周末你在街上看到一个同事，你打了招呼，可是他没理你，你怎么想，又会怎么做？可能会有以下四种行为表现。

第一个是生气，会想：这孙子肯定是故意装没听见，不给我面子，周一要找他算账去；

第二个是担忧：他没理我，是不是不喜欢我啊？是有人在他面前说了我的坏话吗？我该去做点什么弥补我们之间的"裂痕"；

第三个是自责，认为自己做得不够好；

第四个就是：同事没看到就没看到吧。自己乐呵呵的，该干吗干吗，这事情对自己没有任何影响！

心态不同，反应不同，导致的行为也不同。归根到底，对自己的影响不同。

同样是看到夕阳，李清照会感叹"夕阳无限好，只是近黄昏"；朱自清就会说"但得夕阳无限好，何须惆怅近黄昏"；叶帅则斗志昂扬地说："老夫喜作黄昏颂，满目青山夕照明！"你看，同样是夕阳，这体现出来的精神状态差别有多大！

职场中也是这样，公司安排一个员工外派到沈阳分公司担任新的岗位。同样的外派安排，有人会认为自己太倒霉了，在这边干得挺好的，去到那边陌生的环境，一切都要重新再来，太烦人了；有人则认为太好了，这是一个机会，这边都已经完善得差不多了，机会也少了，沈阳是新公司，很多地方不完善不健全，这正好是自己大展拳脚，展示才华的好机会。

看到了吗，老天对每个人都是公平的，你遭遇的不幸不一定比别人少，你受过的伤也不一定比别人多，但有的人阳光，有的人不够阳光，归其原因，还是心态解读的问题。

d. 外在表现和精神状态的改变

阳光的人平时有什么表现？自信,开朗,充满活力。我们也可以这样做,微笑着面对每一个人,挺胸抬头,清晰有力地表达自己的观点。

我在澳大利亚读书的时候,最强烈的感受就是当地老百姓特别朴实友好。当你走在街上,迎面走来的人和你有目光接触的时候,对方会主动微笑,打招呼说"早上好"或"你好"！这种感觉让人觉得非常温暖阳光,自己也情不自禁地主动和周围的人打招呼,也特别愿意把这种美好的感觉传递出去。

在职场中,我们常说某人"气场强大",这个"气场"就是他整体精神状态的反应,加之通过服饰等外在的载体所传达出来的个人独特的魅力。一个阳光的人,他的气场无疑是强大的。

在工作中,做阳光的事业,体会所做的工作对社会有益,找到自己工作的意义,我们的生命才有价值。如果带着使命感去工作,相信你在工作中的状态一定会和混日子的人完全不同,你的身上也带着阳光的气息！

e. 环境的变化,远离负面的人

除了行为改变,我们所处的环境也需要改变。我们经常发现,很多喜欢抱怨的人爱扎堆一起抱怨一通,然后各自满意地散开。好比是办公室的一颗氢气弹爆炸,满满的负能量。

从现在开始,离那些喜欢抱怨的人远一点。如果这个人是你的朋友,告诉他,别抱怨了,我们一起去打羽毛球吧,或者给他介绍本书读吧。你有责任帮你朋友走到阳光下来。

如果你的公司里都是"乌云心态"的人,那么趁早离开,加入阳光的公司,在阳光的环境下,你的改变也会更加顺畅。

除了选择交往的人以外,给自己营造一个阳光的环境也很重要！

现在的媒体越来越发达,我们每天都能接触到很多负面消极的信息,不要一味地被别人的情绪和评价所引导,而应独自冷静地思考,如何辩证地去看这些新闻,如何去伪存真,用更平常的心去面对,去想想自己能做什么。

生活中多做户外的运动，到名山大川中去陶冶自己的情操，到图书馆博物馆去充实自己，都能让自己阳光起来。

别着急一次改变，慢慢来，每次比前一天改善一点就可以。

f. 感恩的心

现在，人力资源讨论的热点话题中，有一个是关于新生代员工的管理。"80后"的自我，"90后"的自私，似乎都被贴上了标签。

诚然，现在有一部分职场上的"小朋友"自小娇生惯养，认为所有的好处都应该是他的，所以别人只能对他好，一旦不合心意，就会恨对方，就会觉得公司不人性化，老板不公正，不开心就跳槽，但也不能以偏概全。我自己就招到过很懂事的"90后"员工，他们最大的优点是知道感谢周围同事的帮助，并能用行动回馈大家的帮助。我觉得，不懂感恩其实和员工是哪个年代出生的没有关系，还是和这个员工的心态有关。

是啊，世界上并非所有人都应该像你父母那样宠你，生活中有人帮你是你的幸运，没人帮你才是公正的命运。没有人该为你做什么，因为这是正常的。

我们要感谢那些帮助过我们的人，不要把对方的帮助当作理所应当。我们要去感恩，感谢父母，感谢亲人、朋友以及领导和同事，他们都是我们的天使。

那么，对于那些不但没帮我们，反而还伤害过我们，欺骗过我们，斥责过我们的人呢，我们是不是就可以恨他们呢？

不能。你心中多一份仇恨，"阳光心态"就离你远一些。你同样要感谢他们，感谢他们让你们成熟、成长，让你知道自己的不足，让你知道你应该更强大，更完美！

当你心中都是感恩，当你感觉身边的人都那么美好的时候，你自然就能阳光起来了。

所以，要善待和珍惜每一个我们身边的人。

g. 我们要为自己的转变加油

心理习惯是在很长的时间内养成的，很难在短时间里改变，没关系，我们可以用笔记录下自己的转变过程和心得,不断鼓励自己不要放弃,要享受这个过程。

心理学上说,一个习惯的改变需要 21 天的时间,这 21 天需要根据自己的特点,了解自己可能会松懈的地方,找一些这方面的名言警句,放在每天都能看到的地方,每天早晚默读一边。要将这些话语深深刻在自己的大脑中,当你消除了内心的黑暗,每天去感恩,每天践行"阳光心态"的行为,通过自我暗示和自省的方式,不断温暖和调整我们的内心,每天自我激励和暗示时,坚持下去,你会发现自己越来越阳光!

二 | 职场
腾飞之路

在职场发展中，其实有几道很关键的"坎儿"。

第一道坎儿是在毕业后的 3～5 年，这时候很多人从普通员工晋升为主管或经理，从独立的工作贡献者变成带团队的经理；另外一道坎儿就是从经理变成总监，或者说进入公司核心管理层的班子，通常这个阶段会更长，对大部分职场人士来说，可能到退休都很难迈过这第二道坎儿。

如果你是一个有雄心壮志的人，希望能在有限的职场发展中尽快实现质的飞跃，承担更多的责任，承受更大的压力，当然也给自己带来更好的回报的话，我想下面这些信息，你需要认真思考一下。

我有幸从刚进入职场开始，就在公司总经理的身边工作，每次办公例会，对我来说，都是非常好的学习机会，我能够看到他们是如何工作，如何思考问题，如何做决策的。后来做猎头和企业 HR 时，我有机会和很多公司的高管一起共事，他们身上实际上有很多特质，对新进入职场的人来说，非常有学习和借鉴意义。

A. 行动学习法

在面试的时候，很多候选人提到对新工作的要求时，都是希望新的工作单位能提供更好的培训机会。每次听到这样的诉求，我都会思考。而在每年公司做的员工满意度调查中，我们会发现很多员工对公司的培训都不满意，这种现象在我过去工作过的各家公司都很普遍。

后来我仔细想了想，真的是公司的培训不好吗？其实不然。

这里有个误区，很多员工觉得培训就是把大家集中到一个培训教室，上面有老师给大家讲课，讲完了可能有个考试，这就叫培训。但是，学生和成人最大的不同就是学习方式的不同。学生的学习是老师讲的，授课式的，学生是被动地接受的；成人的学习是体验式的，是需要自己主动参与的。

所以，当你的老板和你在一起工作，陪你做市场拜访，和部门同事为某个项目一起讨论头脑风暴时或者你被轮岗到一个新的部门，新的岗位，负责新的工作时，你所接触的都是新知识，这些都是在培训，都要好好学习！

成人的学习就是在实践中边做边学。对很多员工来说，他们没有感受到这是培训，一是因为他们的意识上还没有从传统的教育方式中转变过来，二是他们不善于对每项工作任务中做总结。

比如，当你的老板给你指导工作的时候，他会问你很多工作上的问题，你有没有想过，他为什么要问你这个问题，为什么要这么问？如果你能把老板问到你的那些你还不知道的点都搞明白，这对你来说就学到了东西。当你和同事在讨论新项目的时候，同事提出的新观点对你是否有触动，是否能帮助你举一反三，解决其他的问题？当你看到身边的同事得到了晋升或者被公司开除了，你有没有分析过是什么原因让他们有这样的结果？如果你能把这些收获总结提炼出来，并指导自己未来的工作，这就是学习，这就是提升。

在《论语·里仁》中，孔子说道："见贤思齐焉，见不贤而内自省也。"意思是，遇见才德好的人，就应该向他看齐；遇到无德无才的人，就应反省自己有没有和他同样的毛病。连孔子这样的圣人都如此谦虚，我等凡夫俗子更应该放下姿态，向身边的人学习。

所以，不要再抱怨公司没有提供培训，不要再被动地等待公司安排培训课程，打开心胸，把身边的同事，自己的竞争对手，自己的老板，自己的客户都当作自己的培训老师，你会发现每天每个人都有新鲜的知识能直接或间接地教给你！

现在很多企业里都在推广"行动学习法"。

"行动学习法"是指在一个以学习为目标的背景环境中，围绕企业要解决的主要问题，让学习者通过对工作中实际发生的问题、项目、任务进行解决，从而达到发展组织和发展自己的目的。

"行动学习法"之所以能得到诸如著名的通用电气首席执行官杰克·韦尔奇的重视，就因为它是一个双赢的综合的学习模式。这种"在实践中学习"的模式是最适合企业和成人的学习方式。

我曾在一次人力资源管理论坛上听过安永会计师事务所介绍他们是如何开展行动学习的。他们会根据企业每年的业务节奏，明确要实现的企业目标，然后把这些目标分解到核心关键行动点，再分配到要进行行动学习的员工身上，由他们去完成。

当时我就想，其实从员工的角度来看，如果我们把每项工作任务都当成我们学习的成果，那么这个工作的过程就是学习的过程了。自己每天都在接受培训，都在学习中，那还有什么可抱怨的呢？

在职场上，相同起点的人，因为学习能力的差异，也会影响他们的发展速度，从而到达不同的发展高度。所以，对于很多新入职场的人来说，转变学习的观念，掌握成人的学习方法，对职业发展至关重要！

B. 重视评估

规范的公司每年都会对员工进行评估。有的公司会比较频繁，月度或季度，有的公司可能是半年、全年才评估一次。对很多员工来说，有个误区，就是觉得评估是走过场，填填表，不把评估当回事。

你可不要小瞧了这张表。每年公司做员工晋升回顾的时候，都会把该员工历年的评估结果拿出来作为参考依据，很多公司的评估结果也是和员工薪资的涨幅、年终奖的多少直接挂钩的，这些都直接影响着员工的既得利益。

同样，我也注意到一些职场发展很成功的员工会非常慎重认真地对待评估，因为这是一个员工与公司双向沟通的平台，能够增加评估人和被评估人之间的了解。这个平台会全面、客观地评价员工年度工作绩效,有些评估还会展望未来,会对未来工作的改进计划达成共识。

那么,作为员工,该如何把握好每次评估的机会,充分表达自己的诉求,加强对自己的认知,让评估对自己的职场飞跃起到加速的作用呢?

1. 做好准备

每一次对自己的评估都应该是做好充分准备的。而且,我们也不建议企业主管临时性地在一个非正式的场合对员工说:"来,我们聊几句吧,给你做个评估。"如果你的老板选择了"突然袭击"的方式要跟你谈评估,你可以明确地表达:"评估对我非常重要,我现在还没有准备好,希望能和您另约个时间。"

然后,在准备的时候应该回顾一下自上次评估以来自己主要做了哪些工作,这些工作对公司和团队的意义和价值是什么,然后能量化的一定要量化。

我记得之前在广州有一个下属,做评估的时候,她写出今年的工作主要是:

①负责广州分公司新店的筹备以及人员面试;

②负责广州原有两家店的人员招聘;

③负责薪酬体系设计;

④负责公司各项制度草拟制定;

⑤负责处理员工关系。

看完以后,我告诉她:"你这是在写你的岗位职责,不是对工作的总结。总结应该有对工作结果达成可量化的描述,没有量化的东西,我怎么能知道你的工作量是否是饱和或者不足呢?"

这个同事恍然大悟,马上把工作总结进行了调整:

①已经完成广州新开店项目筹备期组织架构及部门编制的确认;

②准时完成空缺岗位的人员补充:上半年基层员工面试总人数达96

人,其中在一周内完成广州一店 6 人紧急需求;三周内完成二店管理岗位 2
人的招聘;

③完成绩效体系的制订,并召开三场针对管理人员的绩效宣讲会和五
场门店员工绩效圆桌会议。截至目前共计 26 名基层员工通过此制度调整
薪资,6 人得到晋升,有效提升了员工发展动力;

④完成各项制度的制订,上半年更新并修订了:员工手册、奖惩条例、考
勤及请假管理制度、员工宿舍规定;

⑤及时、有效地处理了 2 次员工打架斗殴事宜,劝退 5 名低绩效员工,
消除了相应劳动纠纷的隐患;

⑥员工离职率得到有效控制,通过直接面谈或培训主管进行间接的面
谈,稳定了 7 名提出辞职的员工免于离职,上半年将员工流失率从去年的
21% 下降到 16% 。

2. 准备全面

评估是对一段时期的工作总结,因此应该是全面的。有些员工会很倒
霉,在评估之前忽然犯了个错误,这就会导致评估结果受到不好的影响。其
实这怪不得评估主管,在心理学上,这叫做"近期效应",指最近发生的事会
影响人对某个人或者事物的看法。主管也是人,难免会受这种影响。但员
工可以做的是提醒主管看自己的长期表现,看全面的工作绩效,有效地引导
主管意识到这个问题。

同时基于你对直线主管的认知和了解,你可以预见在评估过程中可能
会发生什么事情,可以预估可能存在的分歧和主管的反应,做好解释沟通的
准备。

3. 开放式沟通

当你的自我感觉和领导的评价结果产生了很大差异时,需要开放式沟

通。这时候你可能震惊、沮丧、愤怒或者失望,可能会情绪失控,但是短期情绪化的表现是解决不了问题的,你需要冷静地了解为什么领导对你的评价和你的自我感觉会有差异。是实际工作表现与岗位要求有差距?差距在哪里?如何提升?还是有别的人为因素或者有误解?一定要结合自己的短板及对工作造成的影响,和主管一起为自己制订个性化的绩效提升计划,最终实现员工个人和公司整体绩效表现的全面提升。

4. 自我认知

如在本书前面自我认知环节所提到的,人的认知方式有很多种形式:自我反思,从他人处得到反馈,借助科学的测评工具。从直线主管那里获得反馈,是对职场自我认知最好的途径之一。一个专业、负责的主管能够帮助员工梳理总结出员工的优势,并创造条件,让员工在职场中把这种优势放大,这就增加了员工的自信,也增强了员工带给企业的价值,加快了职场发展的动力。同样,如果在评估中,发现了自己的短板和盲点,也要针对个人绩效表现中的不足,制订出绩效提升计划,并让主管持续跟踪与辅导。这都能帮助个人职业发展再上一个台阶。

5. 明确需求

评估作为一个正式的沟通渠道,是帮助自己实现职业发展,表达自己发展诉求的一个最好的方式。比如自己希望往综合管理方面发展,那就需要在个人评估中提出来,要把个人发展的诉求落实到纸面上,让能看到这个评估的所有管理人员明确你自己的发展想法,从而帮助你实现职业愿景。

同样,在工作中,为了更好地提升绩效,完成分配的工作任务都需要相应的资源,比如金钱、人力资源或其他形式的支持,你都可以在个人评估中明确提出你的需求,说明你为什么需要它,如果无法满足这些需求将会带来什么后果。可信的客观事实至关重要:如果你想通过夸大其词或过度粉饰而弄虚作假，不要把你的主管领导当傻子，这样不但无法达成目的，还会致使后续需求也被质疑。

C. 向上管理

有一次，朋友问我管理几个人，我说七个，他说："那这七个人是怎么分工的啊？"我说："一个负责招聘，两个负责培训，一个负责员工关系，一个负责绩效考核，一个负责薪酬。"他说："这不是六个人吗？"我说："第七个人，是我的老板。"

在传统意义上，说到管理，我们只会想到向下的管理，其实向上的管理也非常重要。我们的调薪、晋级都由我们的直线上级来决定，更何况除了自我满足感之外，老板对你的评价也会直接影响你的工作成就感。我们也都熟悉一句话：员工因公司品牌而加入，因直线领导而离开。虽然这话有点绝对，但是在现实中的职场里，因为和直线领导相处不好而影响发展的例子不胜枚举。我在做人力资源的时候，每天都在面对协调处理各部门上下级关系的案例，看到有员工因为无法得到上级的工作支持而不断受挫，也看到有的员工因为和上级行事风格有差异而矛盾频频，不受待见。

"向上管理"是一项有的人能很好地运用，有的人却无法掌控的技能，并且这项技能几乎只能通过工作经验的累积才能学到。它是一种与生俱来，每天都在使用、实践，但却很少能被人意识到的一项技能。

若能很好地运用"向上管理"，管理者和员工的团队协作力就能大大提高，这保证了交流的有效性，使信息畅通，能在问题被拖延至失控前解决掉，使管理更加高效。这样，也最终可以实现员工的职业飞跃！

相反，如果运用不当，那么管理者和员工不仅会关系变紧张，也会因为工作失误和情绪受挫而导致工作无法顺利开展，效率低下。

回想我自己的职业发展经历，曾经有过很痛苦的和老板相处的经历：我们对工作的思路有很大的偏差，在工作方式上也有很大的差异。慢慢地，因为这些差异不能协调，也失去了对彼此的信任，到最后她每天都要盯着我工作,要我把每天从早到晚的工作事项全部记录下来,第二天向她汇报。我做完的工作,她肯定能挑出毛病,然后白我一眼,发回重做。现在回想起来,真不知道当时的自己是如何坚持下来的。

后来,我换到一家新公司后,新的老板是一个特别严格的人,对工作的标准很高,我因为新上手,还在熟悉的过程中,负责的一个项目与合作方沟通不畅,出了一些问题,被老板骂得好惨。而随着工作量地不断增加,我面临的挑战越来越大,觉得自己好像是在一个网球训练场上,对方在不停地向我发球,球从四面八方不停地向我打过来,我只有招架之力。时间长了,体力透支,连招架之力都没有,球开始打到了我的身上,越来越被动,越来越疼。

我终于意识到不能再这样下去,我必须变被动为主动,发起进攻!

经过回顾经历过的几个项目,我发现我的老板不仅关注结果,也非常关注过程,因此,我基本上每天都把项目的主要进度主动向他汇报,另外提前想好他可能会提出来的问题,也想好我的解决办法。这样慢慢一来,我发现老板对我的态度发生了转变,再也没有对我发过脾气,自己也觉得从他身上学到了不少独到的思维方式和工作方法,关于如何进行向上管理,也是从这位老板那里得到了启发。

怎样和老板相处,我有三点心得或者说建议。

1. 达成共识

职场上最常见的上下级矛盾就是:上下级不能达成共识——不管是工作方式还是工作标准。解决的办法,首先,你需要了解你的老板,需要了解你老板的经历、喜好、长处,这样你才能更好地理解老板的每个想法背后的原因和出发点。想想老板习惯于如何交流,他是更愿意以邮件方式还是口头交谈方式,他是倾向于一对一的会议还是非正式的闲谈?清楚地了解老板的处事习惯,然后改变你的工作方式以适应他/她的方式。

我经历过不同风格的老板,有的习惯于每周固定的电话会议,有的习惯于临时性的约见面谈，还有的习惯通过手机短信或邮件的形式来沟通工作。我觉得这没有对和错，作为下属，配合上级就是天职，就需要适应上级的沟通方式和工作方式。

其次，明确工作的标准。我见过太多的例子，领导对员工的要求是希望他工作做到八分，但是员工对自己的要求是做到六分就好，这两分的差距就造成了大家对工作质量判断的差异：领导觉得你工作没做到位，员工却觉得很委屈，自己该做的都做到了。

另外，对重点工作的认知。我自己在这方面有切身的体会。

在加入一家公司的第一年，因为还在熟悉情况，更多也是在处理一些突发性事件，到年底自己一回顾，觉得好像挺忙，但如果说做了些什么事情，又说不出来具体做了什么。于是我就找总经理好好谈了谈，大家经过讨论，为下一年度的人力资源部列出了三个重点工作目标，每个目标都设定了考核的关键指标。于是在接下来的一年里，除了日常发生的事情，我随时汇报重点工作的开展进度，到年底，大家都非常满意，总经理也觉得这几个目标的实现对公司产生了价值，也对我带领部门完成目标给予了认可。我自己也觉得工作开展起来更有方向，更有计划性，工作也更开心了。

当然，我也遇到过很有个性的员工，在安排工作的时候，有自己的想法，我觉得这都可以来讨论，但所有的工作都应该是围绕公司整体的目标来开展的，如果自己的工作和公司当时的整体目标不一致，那你想做的事情做得再好，也不会得到领导的认可。

所以，当上级布置新的工作时候时，一定要明确我们为什么要这么做，他想要什么样的工作结果？如果老板的指令也很模糊的话，需要在和老板沟通后，写一封总结的邮件，记录老板说过的话，并把自己的理解写上，这样给老板更多时间整理思路和确认他的工作指令，也确保他知道你要进行的工作进度。

2. 建立信任

两个人建立对彼此的信任很困难的,但也不是没有办法,不能实现的。想让领导信任自己,很大程度上也取决于自己工作的专业度。

就拿和老板开会,汇报工作举例子吧:首先,要尊重领导的时间,准时到会;提前准备好需要讨论的主题和相关材料,并准时结束会议——你的领导很忙,要尽量有效地利用他的时间,不要让领导觉得和你开会是在浪费时间。其次,在汇报工作的时候要坚持客观原则,传达信息时避免带上主观偏见的评断。当然,也许你在某个项目上注入了很多心血,但如果这个项目没有商业价值了,那么你就有责任把个人感情放到一边,采取正确的处理办法。这才是职场人专业的行为。

建立信任还包括努力兑现承诺。如果老板让你明天完成一项任务,你承诺会准时完成,却最终没在说好的时间完成的话,尽管你能找到一些理由为自己辩解,但你已经是违背了自己的承诺,老板会觉得你不守信用,而且也不尊重他。哪怕你觉得这个工作没有意义,愚蠢透顶,但只要你承诺会完成,那你就必须遵守承诺。不要指望在最后报告的时候说有这样那样的意外,老板就会原谅你;也不要在项目快结束的时候,才向老板汇报说时间要拖延或费用超过了预算,这都会让老板很恼火!老板都不喜欢在事情失控前没有机会补救,而被迫接受糟糕的结果,这也会直接影响他对你工作能力的判断。所以在接受任务的时候要给自己留有余地,不要让自己失信于领导。最好在工作过程中主动汇报工作的进度,便于领导掌握全局。

建立信任还有一点,就是帮助领导提升形象,给领导长脸。比如说,你的直接领导负责的项目,你在其中承担了重要的工作,通过你的努力,让这个项目得以成功开展,让你的直接领导在他的领导面前受到了重用,你的领导自然会意识到你的功劳和重要程度。

但如果你的老板需要向他的上级做报告,其中需要你提供给他一些重要资料,他将你帮助提供的资料上交给了他的上级,结果因为你的资料有错误,让你的老板遭到了批评和质疑,那你想想他会追究谁的责任? 简单说就是,不要让你的老板在他的上级面前丢脸,这样你不但降低了自己的可信度,也影响了你老板的前程。

最后,就是不要在老板面前玩小聪明,永远不要给你老板提供质疑你可信度的理由。简言之,如果你被发现在很小的事上夸大其词或玩小心思,那么你就给了老板质疑你可信度的理由。无论大小事,你都应该诚实可靠,坚守良好信誉。这样才能建立和老板的信任!

3. 塑造形象

在本书前面章节里提到在塑造职场形象,管理好老板最关键的就是在老板的心里塑造一个好下属的形象。那么,"好下属"应该是什么样的形象呢?

❀ 勤奋:永远先于老板到达办公室。没有老板喜欢懒惰的同事,更不用说下属了!

❀ 能干:给老板带来坏消息的同时要提供解决办法。不要把问题推给别人,自己要懂得解决问题。是的,你的老板比你承担了更多的责任,比你挣的多,并且应该在公司更有影响力,但这并不意味着你可以把本该由你去解决的问题推卸出去。处理自己应负责的问题,并且多给你的老板提供几个解决方案。决策者都希望能看到几个不同的可选方案和每个方案带来的效果。不要只给你的老板一个方案,这样会让你自己难堪! 多几个方案,既显示了你的工作能力,能想出不同的解决办法,也能帮助老板在决策时考虑得更加周全。

❀ 忠诚:给老板提出令他在团队中更受欢迎的好建议。每个人都希望被他人接受,被人喜爱,可是老板由于工作的位置,天然地会在某些场景下和员工对立起来,被放到不受欢迎的位置。如果你是个聪明的下属，你应该想办法调和这个矛盾，让老板和员工和谐起来，老板自然会念你的好。如果你想在中间耍些小伎俩，做些挑拨离间的事情，也不要忘了，老板的眼睛也是雪亮的，如果你真的要做搅屎棍，一定会被扔得很远！

❋ 可靠：在下属面前维护老板，反之亦然。不要在背后说别人的闲话、坏话，更不用说是传老板的闲话了。当别人在你面前说老板不好的时候，千万别傻乎乎地附和，甚至添油加醋，因为不知道什么时候，这些话就传去你老板耳朵里了。在下属面前维护老板的形象才是真理！

❋ 成熟：永远不要在生气时与老板沟通。其实这条也适用于与其他同事的交流原则。当老板在大发雷霆的时候，下属越发要保持冷静，在他情绪不好的情况下不要急于回答细节，可以说："很抱歉让您这么生气，请告诉我具体原因吧，我会努力纠正的。"如果真的是自己的问题，请立即承认错误，并坦诚沟通自己会怎样去纠正错误，把损失或影响降到最小，并避免以后发生类似的问题。如果老板的发泄触犯了你的底线，也犯不着和他当面争执，你告诉他"等您冷静的时候我们再谈"，然后转身离开，等大家都冷静下来的时候再说。冷静、客观地沟通，才是一个优秀的职场人的处世之道。

以上几点可能是我作为老板或者我作为下属最看重的，但每个人的喜好不同，我建议你还是要去观察你的老板，看他最欣赏的是什么样的形象，他会夸奖你或别的同事具有什么样的特质：反应迅速？学习能力强？然后再做相应的调整。

还是那句话，需要了解直线领导，他的价值观、期望值以及他关注的行为特征，来调整自己，塑造自己在老板心目中的形象，从而对老板进行更有效的"向上管理"！

D. 以成功人士为榜样

不论是在做猎头的时候，还是在企业做 HR 的时候，我觉得最受益的就是能接触到很多优秀的职场精英。我羡慕他们的能力、经验和气质，也渴望成为他们那样的人：能在专业领域有所建树，能在职场上有影响力、感召力，能为企业的发展进行影响和贡献。

这些榜样也在激励着我不断去自我提升，变成一个更好的自己。我相信，这也是每个上进的职场人的梦想和愿景。现实中看到的前辈和榜样总是能振奋我们的精神，给我们前进的动力！

如果没有机会接触这样的榜样，阅读名人传记也是不错的选择，可以从他人的成长经历中总结和学习。这些榜样都能帮助我们模拟、规划自己的成长轨道。

微博、微信上每天都会看到各种"心灵鸡汤"以及层出不穷的管理励志类书籍，它们也能让你分享成功人士的经验。

抛开行业特点、教育背景、所处职位在的市场上稀缺程度等因素所导致的不同薪资的影响，我想从个人的角度谈谈我观察到的职场精英、年薪百万的人士，总结出他们身上具备的一些个人特质，以便我们效仿、学习。

1. 善于处理不明朗的局面

在一次人力资源的高峰论坛上，来自美国著名猎头公司的一位合伙人分享了他们关于领导力的一个研究。这个研究是关于初级管理人员、中层管理和高层管理人员各自应具备的能力的汇总。在高层管理人员应该具备的能力中，我赫然发现一个很特别的能力——善于处理不明朗的局面。

对于高层管理人员，很重要的一个能力是给自己和所带的团队以清晰的方向。在大的市场环境一帆风顺或公司处于上升期的时候，给予清晰的方向相对来说还比较好实现；可是当经济环境不好，企业处于关键发展期的时候，处理不明朗的局面需要的是对未知事情的预测和把握，需要对环境变化、事情发展趋势做出判断。

当经济环境不明朗的时候，准确判断未来的走势，果断采取行动，抓住乱流中的一线生机，就能绝处逢生！

当企业处于重组并购的时候,当组织结构发生重大调整的时候,如何能在变化中调整自己的心态,体现自己的价值,找到合适的定位,争取自己的权益,影响决策者,这是很重要的职场生存发展能力。

James 是我认识多年的好朋友,他一直在欧莱雅集团担任全国现代通路渠道的销售总监,他在这家公司已经服务了五年。去年 3 月,公司因为全球发展战略的调整,James 所在的产品组 B 被合并到另外一个业务额更大的产品组 A 中。很显然,同一个产品组部门不可能同时存在两个现代通路的销售总监。他被公司安排到合并后部门里新成立的市场发展部。新成立的市场发展部,很多工作职责都没有清晰的界定,和原有的销售部以及市场部有很多工作职责的重叠。对整合后的产品组总经理(原 A 产品组总经理)来说,他其实也并不太愿意接纳 James,毕竟他原有的团队已经磨合得很好,也很稳定了,再多加一个人进来,很多工作就变得不如原来那么顺畅了。

公司这样的安排,让明眼人一看,就知道这是一个让员工过渡、另找工作的岗位。James 很聪明,他对这种局势心知肚明,却非常无奈。他找到我,征求我的意见,看到底该怎么办。他告诉我,他对公司非常有感情,不愿意这么轻易放弃工作,离开这家公司,而且他相信整个集团的发展策略的调整,业务的整合,团队的整合不是一天两天的事情,一定还会有下一步的安排。自己希望能在这个岗位上短期过渡,但是继续在公司从事能发挥自己优势,进行全国渠道管理的工作。

明确了 James 此时不想跳槽的意愿后,我给他提出了几点建议。

首先,一定要和现任的产品组总经理表达自己要在公司长久发展的意愿。同时积极主动配合相关部门的工作,每次的工作都要及时用邮件回复,随时汇报工作进度,在总经理主导的工作中积极献计献策。如果你表现出对工作的不负责、不专业、不上心的态度，很容易就被晾到一边，闲置起来，时间久了，自己的技能废了，价值也就没有了。

其次，一定要和公司人力资源部的负责人保持沟通，要表达自己对公司的情感，坚定地表达要在公司长久发展的意愿和决心，明确地告诉 HR 自己的优势和强项，以及能给公司提供的价值。

最后，要注意做好自我保护。James 以前在工作考勤方面不是很注意，毕竟现在不同往日，我奉劝他注意不要再出现迟到、早退这样的问题，以免被人抓住小辫子，从而大做文章。在当别的同事奉劝他看看外面的工作机会的时候，他明确表达自己不会辞职、不会跳槽的意向。因为他知道，如果他一旦表达出要辞职的意思，哪怕只是一句抱怨，也很有可能会被别有用心的人利用，让自己陷入被动的局势。

两个月后，James 告诉我他终于等到了一个机会，公司在持续的业务调整中，空出了一个新的产品组的销售总监的岗位，公司的 HR 第一个想到了他，部门的总经理也愿意放手让他转部门。James 终于如愿以偿地找到了一个真正发挥自己优势的岗位。

后来我问他，这两个月，难熬吗？James 真诚地告诉我，开始对未来有些迷茫，不过后来坚信自己对公司是有价值的，自己是热爱公司的，所以一定要坚持找到公司内部的机会。这样想明白了，反而一点儿也不觉得难熬了，相反，每天都对未来充满了期待呢。

在不明朗的局势下，一定要明确自己的立场和想要达成的目标，有步骤地去实现自己的计划，尽力去争取各方面的资源，终能变被动为主动，守得云开见月明！

2. 快速学习

在信息化的时代,我们可以发现,工作的界限正变得模糊。换句话说,在这个变革的时代,对能力的要求越来越高,靠吃老本已经越来越不靠谱了。关注外界环境的变化,关注行业信息的发展,不断学习、掌握新的技术,新的理念,让自己更有价值,是职场成功者的必备绝技。

我印象最深的是一个在咨询公司上班的朋友 Tony。他只比我大一岁,因为读了硕士,又读了 MBA,所以工作年限比我短。但是他进入咨询行业,短短几年的时间,就已经年薪百万了!

我曾请教过他,做咨询顾问为什么薪酬这么高,咨询顾问的价值是什么? 他告诉我,做咨询顾问,最大的价值就是能够快速学习,从而能给各行业的资深人士以不同视角的专业意见。

我很好奇,又问:"你和那些工作十多年的行业精英比,能比人家懂的还多吗?"他笑了笑,给我举了个例子。

当时,他参与了两家国际知名啤酒公司的合并项目,他负责的部分包括啤酒制造生产的整合。在接这个项目之前,他只知道喝啤酒,连"纯生"和"干啤"都分不清。为了做好这个项目,他开始对各家啤酒工厂进行走访实地的调研,同时开始搜集资料,对工艺流程和设备指数进行了解,还做了大量的访谈。两周后,当他给两家公司全国十几个厂长做完方案陈述之后,好几位厂长都走过来握着他的手说:"你太专业了,很多核心要点都被你梳理出来了,而且还提到了一些我们从来没有想到的关键点。"

所以你说,人家为什么能年薪百万? 能够在两周的时间里用自发的学习,去指导行业里工作了十多年的人,这可不是需要极强的学习能力吗?

掌握了快速学习的能力,就可以比别人了解掌握更多的资讯信息;掌握了快速学习的能力，就可以掌握更多的工作技能，增加自己的选择范围；掌握了快速学习的能力，就可以让自己在职业发展的竞争中保持优势！

3. 管理愿景和目标

话说，有三个学建筑的小伙伴被分配到同一家建筑公司。当他们同时参加一个聚会，有人问他们是做什么工作的时候，第一个小伙子说"我是砌墙的"；第二个小伙子说"我在盖房子"；第三个小伙子说："我在改变一个城市。"十年以后，第一个小伙子还在做建筑工人，第二个小伙子当了一个包工头，第三个小伙子则成了一位著名的建筑设计师。

这虽然只是个故事，但是不难发现：把工作当作职业，只能养家糊口；把工作当事业，可以扬名得利；而如果把工作当使命，必然获得事业的成功，实现自己的愿景。第三个小伙从做工人的那一天起，就把"改变城市"当成了自己的愿景，不断地鼓舞着自己，这就注定了他和第一个认为自己只是个砌墙工的小伙子命运不同。

对自己的要求如此，对团队的管理也如此。

在我读 MBA 期间，对领导力的学习这一部分，印象最深的一句话就是"Leading by version"（用愿景来领导团队）。

刚开始，我觉得这句话好虚无缥缈啊！用愿景来领导团队，这不就是"画大饼"吗？幸好我是个好学生，我单纯地认为既然老师讲到它，那这句话一定是有它的道理的，所以还是把它记在了心上。

在我后来的管理工作中，我也一直记得这句话。当我和我的团队成员工作时，我发现每当我跟他们分享公司的愿景或团队的愿景时，我的同事们眼睛都会睁得大大的，显得对这个话题非常感兴趣。而且，和他们谈愿景，对他们有非常好的激励效果。

现在想想，这句话确实是有道理的。公司的愿景都是美好的，当你在描述美好的事物时，是给人以希望的；当一个人发现自己的工作充满了希望时，可不就觉得工作也充满力量了吗？

一个企业要做大做强，也必然是要有它的愿景和使命的：苹果公司的愿景是让每个人都拥有一台电脑；百度的愿景是成为全球知名的搜索服务商；麦当劳的愿景是成为"世界最佳用餐体验"的快速服务餐厅……在这些愿景的感召下，平凡的工作都变得有了意义，每个员工的使命感也会更强，责任感也会更强！

通用电气前CEO杰克·韦尔奇（Jack Welch）说："一个好的领导，就是能够为企业创造一个诱人的愿景（Vision），能够通过沟通和宣传使每个人理解和接受这个愿景，并且能够鼓舞和激励大家为实现这个愿景而努力奋斗的人。"这也是管理的最高境界。三流的领导人能完成公司安排的任务，二流的领导人能打造一个团队，而只有一流的领导人会去传播企业的文化，给员工使命和愿景！

但是做到高层不是一蹴而就的，在成长的过程中，当我们还是初级管理人员的时候，该怎么做？

首先，还是需要多和公司高层沟通，了解公司的愿景，理解它并在团队中传播它。其次，也是我个人觉得非常好用的一个方法，就是对员工进行目标管理。在我过去工作的不同公司里，不管是我自己招聘的团队成员，还是接手的团队管理，员工的离职率都非常低，绝大多数团队成员都能很稳定地在公司工作，且能保持在公司平均水平以上的业绩表现。我总结自己最成功的地方，就是管理好了他们的工作目标。这个目标不仅仅是短期的工作业绩目标，更是这个员工长期的职业发展目标。从他加入这个团队开始，我们就开始探讨他的个人发展兴趣，个人想实现的职业发展目标，然后围绕着这些目标，看我们能做些什么事，哪些工作能帮他锻炼该具备的能力，哪些培训能帮他掌握需要的知识，哪些项目能帮他积累必要的经验，然后做阶段性的总结，让员工也看到自己离自己的目标越来越近。

个人的成功是有限的，通过团队所达到的成功则是无限的。所以想成为成功的人，应该学会通过愿景的分享和目标的管理，打造一个健康向上的团队，从而实现更大的成功！

对初级管理者来说，适应时代的发展，适应管理对象的变化，不断调整自己的管理风格也非常重要！到 2015 年，1985 年生的这一批人就将正式步入 30 岁的门槛，将担任更多的管理责任。对于"85 后"、"90 后"来说，他们在职场的心态因为整个社会大环境的变化，已经和"70 后"、"85 前"有了很大的不同。"85 后"的员工渴望更大、更快的成功，他们希望被公平地对待，渴望承担更多的责任。

根据 2013 年西安杨森内部的一个调研显示，大部分"85 后"的员工如果在 3 年内没有得到晋升，他们一定会离职。如何在短期内帮助"85 后"的员工对自己有正确的认识，管理好他们急切的发展意愿，引导他们确定和实现自己的职业梦想，这都将在很长时间内成为管理者的学习话题和挑战！

E. 不断审视和调整目标

1. 审视目标

我在前面给大家介绍过如何设立目标，如何制订自己的职业发展计划，如何应用自己的发展计划。

其实，每个人在职场奋斗的目标都不同。有人雄心壮志，要叱咤江湖，纵横四方；有人则追求田园诗意，平淡从容；还有人孜孜不倦，在专业上精益求精……大家都选择了不同的发展道路，只要朝着自己心中的理想前行即行。

当我们在职场前行的时候，需要时不时停下来看看，看看自己的目标，看看现在所做的事情和实现目标的方向是否是一致的，如果不是，该如何调整。如果短期没有达成目标的话，没关系，先放下来，调整下思绪，整理下策略，看看下一步的方向。

而且，职业的终极目标也不一定是一成不变的。随着年龄的增长，认识的变化，职业的发展，经验的积累，很可能自己会发现自己的目标要有所调整或者自己提前达到了阶段性目标，要重新调整时间等。总之，应该定期或不定期地回顾、审视自己的目标。

曾经有段时间,我在公司的事情特别忙,加上又要写书,每天忙到休息的时间都很少,思考的时间更没有,对未来的选择有些迷茫。这时,和一个职场的前辈吃饭,这位姐姐看着我的黑眼圈说:"你这样努力固然是好,但是发展的路还长,要注意保存体力。职场发展是一场马拉松,不是百米冲刺,需要耐力、策略和坚韧。"

是啊,工作除了勇劲,还需要韧劲、巧劲,如果我们只是一味地往前冲,可能冲得越快,偏离的方向也就越远。只有行动—校验—调整—行动,这样不断循环往复,才会帮助我们最终到达目标!

2. 走出舒适圈

回顾自己的职业生涯,我曾经错失过一次升职的机会。

当时,升职的前提是需要从北京搬去上海,我放弃了这个机会。还记得当时人力资源的 VP 在电话里对我说:"Jerry,你现在是太舒服了,你应该走出你的舒适圈,这样才能成长!"

是啊,以前给别人做外派的时候,大笔一挥,这个员工可能就要在外地多待一年。可真到了自己要换个城市的时候,就会思前想后:哎呀,我的房子在这里,我的朋友在这里,我习惯了冬天的暖气,习惯了周末的生活,如果去新的城市,一切都要重来!

看看,我在面临选择的时候,给了自己这么多理由。可是仔细想想,哪一个理由是能充分站住脚的呢? 房子在这里,可房子是 70 年的产权,又不是永久产权,可以换啊! 朋友在这里,但你真的每天都要和朋友见面吗? 现在大家不都是通过手机联系吗? 去到新的城市不是可以认识更多的朋友吗? 总之,一切问题都是可以解决的,最核心的问题还是自己待得太舒服了,懒得动了,不想挑战自己了。

现在再看,当时错过了这个机会,职业晋升至少停滞了两年。在离实现自己的终极目标道路上,因为当时的懒惰,自己还要再多奋斗两年!

我用自身的惨痛教训告诉大家，在职业发展的路途上，最可怕的事情就是当自己满足于现状时，慢慢就遗忘了最初的目标和方向。当我们变老，想起曾经的梦想时，可能已经错过了最好的时机。自己的身体状况，家庭的状况，可能都不允许自己再去不顾一切地追求自己的梦想，只能空留下遗憾。

所以，流行的那句话，"再不疯狂就要老了"，说的就是这个道理吧。

3. 平衡生活

在每个人的职业生涯中，工作日是有限的，加班的日子则是不计其数的。有的人是心甘情愿地在付出、投入，有的人则是被生活的压力或上级的权威所迫，不情不愿地熬着每一个工作日。不管你是情愿也好，不情愿也罢，工作的努力总会有成果，当成果被大家所认可的时候，自己会长舒一口气，觉得努力没有白费，辛苦都是值得的，觉得自己好厉害。可是当工作的结果不尽如人意、客户不买账、上司不满意的时候，又有多少辛酸痛苦要独自品尝？

正如前面书中所言，人生的起伏高高低低，职场上也是"花无百日好，人无百日红"。当我们不被理解、不被接受、不被认可的时候，当我们被质疑、被排斥、被贬低的时候，我们该怎么办？

诚然，在职场，工作的成就感给我们带来物质的改善和精神的满足，但是工作对我们的影响真的会渗透我们的每一天，侵入我们身体的每个细胞吗？工作应该主宰我们的情绪和对生活的态度吗？

在我以往的工作中，也有过几段很痛苦的经历：曾经处理一个裁员的项目，十多天没有睡过安稳觉；曾经追求工作的挑战，因为巨大的压力，大把大把地掉头发；也曾经因为环境和平台已经不能满足自己，想选择离开而黯然神伤……回头看看，在我工作的最低谷，是我的家人和朋友给予我鼓励和支持，是他们让我认真思考生活的价值，奋斗的意义。

对我来说，每次职业生涯的飞跃，除了自我的挑战，更多的是希望给家人更有品质的生活，承担更多的家庭责任。可是对家人来说，可能我的陪伴和健康才是最大的慰藉。所以,当我因为事业的低潮而沮丧落寞,因为工作的压力而对家人发泄怨气的时候,其实已经失去了奋斗的意义。

当我们在追求自己职业发展目标的时候,一定要把握好节奏,回家后要调整自己的情绪,善待自己的家人和朋友!

协调工作和生活,善待家人和朋友,说起来很简单,但实际上却是一项修炼。我相信很多人都有很多需要改善的地方,尤其是对父母的态度!

我曾经有段时间因为工作压力很大,回家对父母的态度特别不好。他们问我什么我都不耐烦,甚至会大声嚷嚷:"别问了!我说了,你听得懂吗?""烦死了,烦死了,让我安静会儿!"……直到有一天,父亲发信息提醒我:"请你对妈妈的态度好一点,妈妈现在都很怕和你说话。很担心你的压力这么大,对健康有影响。"

当我看到这条信息时,眼泪哗的就流了出来,惭愧于对父母的态度。

我平时在工作中对同事都是客客气气的,要 Professional,要 Nice,可是却忽略了对自己最重要的亲人的态度,忽略了他们的感受。幸亏我父亲的那条短信提醒了我,以后我都很注意调整自己,不把工作中的情绪带到家里。在跟父母住在一起的时候,我会每天回家,陪他们散散步,带个小礼物;不跟他们住一起了,我会每天给他们打个电话,问问他们今天过得怎么样。家人的温暖陪伴和无私支持,是我职场发展和成长的动力。

诗人纪伯伦曾经说过:"因为走得太远,所以忘了为什么出发。"我想说:"不要因为工作太忙,而忘了为什么而工作。"

诚然,很多人追求事业成功带来的成就感,但是工作就是一份工作,尤其是在企业里,当你有一天因为过度劳累,积劳成疾而无法继续工作的时候,你的工作岗位很快就会被更年轻、更有活力甚至比你更便宜的人所取代,你在公司的影响会在一个月到几个月之内消失无踪,可是对你的家庭来说,却会影响他们一辈子!

我们要追求的是健康的职业发展,工作和生活的平衡才能让自己健康成长,才能把握住真正的幸福!如果当你发现工作的不开心已经影响到你的健康,影响到你和家人的关系的时候,是时候进行调整了!

F. 常见问题

Q1：当我在职业发展的关键时期遇到了经济环境萧条或行业大势不好的情况，该怎么办？

答：我非常幸运地在以往的职业生涯里经历了两次大的变故，一次是在2009年经济危机的时候，整个大环境都变得很萧条。虽然我当时所在的公司没有受到经济危机的影响，却看到周围很多行业、很多人受到影响：一些小的专门服务IT行业的猎头公司关门了；一些"四大"会计师事务所的员工被强制休无薪假期，一些朋友被迫转行了；找我看新机会的朋友从四处冒了出来……那是我第一次直面这么惨淡的人才市场，也让我深刻体会到行业发展前景的重要性。也正是在这一年，诞生了一个新的词汇——"金融危机宝宝"，很多女员工趁着大环境不好，先把自己的人生大事解决掉，实在不失为一个厉害之举。但是对于我等没有此功能的男性员工来说，这招自然是用不了的。那怎么办呢？应该苦练内功，发掘机会，给自己多打开几扇门。

我想，如果马云当年很顺利地找到一份工作，没有求职屡次被拒绝的经历，他应该也不会下定决心自己创业，那也就不会有阿里巴巴今天的辉煌了。

也有不少朋友在这时选择重回校园，读书充电。这其实也是一个很好的办法！在行业惨淡的时候去补充自己实力，待毕业后自己的实力更强了，市场行情也回暖了，时间一点没浪费，可以说是一举两得。

在我35岁的时候，我又经历了一次公司大的整合。我所在的集团被一家更有实力的国企收购了，整个收购整合过程持续了相当长的一段时间，两家集团的文化、行事风格、做事流程都有很大的不同。我所在的集团是被收购方，自然处于比较被动的地位。坦率讲，很多员工都非常迷茫，尤其是高层管理人员，大家彼此心照不宣地传递着对未来前景不明朗的信息，也为自己的工作岗位会被如何安置而惴惴不安。只有一位公司高管告诉我，她觉得这可能是命运的安排，因为不适合在国企工作，正好以此为契机离开，去尝试创业的梦想！就在别人惶惶不可终日的时候，这位高管毅然辞职，开始为自己的梦想奋斗，现在她的公司已经逐步走上正轨，业绩不断攀升呢！

在这种不顺的境遇下，保持阳光的心态会激励你不断前行，朝着职业目标披荆斩棘，大步向前！

Q2：我的老板是个事无巨细的人，对任何细节都要插手，而且还会不分白天、晚上、节假日地发邮件、发信息讨论工作的事情。我觉得自己很苦恼，没法专注投入地工作，而且觉得压力太大了。我该怎么办？

答：首先还是以积极的心态去思考，老板对你工作细致的指导，你是否能从中学到东西，是否对你提升工作技能有价值？

其次，如果你是个已经有丰富经验的专业人士，不希望被管得太细的话，你可以把你的感受告诉你的老板，可能你的老板还没意识到他的工作方式对你产生了困扰。

通常，这种老板都是完美主义者，或者是控制欲比较强的人，那我建议你先让他帮助你设定所有工作的优先级，或者找出更有效帮助你提高工作效率的方式。也就是让他授权给自己更大的空间！

至于加班，我个人的经验是，如果加班太多，说明组织的工作是低效的，也表明你的老板并不在意下属的感受。如果继续这么下去肯定是弊大于利的。劳动法为什么要规定每周工作时间为四十个小时，每个月加班不能超过三十六小时？其实就是为了保证劳动者能有时间去休息、学习，这样也是为了劳动者能有充沛的精力更好地工作。

要想减少干扰，更专注地做自己的工作，就要学会科学地管理你的时间。比如，当你在工作的时候，建议你在固定的时间查看邮件和短信，这样你能掌握主动。你可以安排每天早上一上班，中午 11 点，下午 2 点，下午下班前半个小时，这四个固定时间查看邮件和短信，这样你就能科学管理自己的时间，不被临时的邮件和信息所打扰。如果真有着急的事情，你的老板肯定会直接给你打电话的！

但是，如果长期持续的、不带报酬的加班这种情况一直得不到改善的话,我建议你还是认真考虑是否换个管理更为合理的地方工作,那会让你心情更愉快些,也更能保证工作和生活的平衡。

Q3:我对现在的工作还是比较满意的,除了觉得薪资不够高之外……我该怎么和领导谈加薪水呢?

答:作为HR,我一直觉得能主动和公司"要加薪"的员工是好员工,说明这员工至少还是想留在公司长期发展的。如果是不想干的,早就直接跳槽了。另外,能和公司谈加薪的员工,至少在能力方面应该是有几把刷子的。当然,你在提加薪之前,自己先评估一下你是不是这样的员工。

我记得几年前,有个员工 Kevin 怒气冲冲地来找我,说他和总经理申请要加工资,但是总经理不同意,于是来找我要个说法。我问到Kevin:"你为什么要提加工资啊?"

Kevin 说:"你看,我在公司都两年了,也算为公司尽心尽力,但凭什么 Carol 一来,就有那么高的薪水? 我不服!"

我问:"你怎么知道 Carol 的薪水高?"

Kevin 愣了一下,意识到自己说错了话,赶紧说:"这我不能说,反正大家都知道,她的薪水就是比我高。凭什么新来的人拿这么高的工资?"

我说:"Kevin,你也是公司核心岗位的员工了,你是知道公司薪酬管理制度的,在员工手册上也说明了,工资是每个人的隐私,严禁互相打听讨论工资。你这么做,首先就已经违反了公司的制度了,你觉得公司还能考虑你的诉求吗?"

Kevin 见我这么严肃,马上改了策略,说:"哎呀,Jerry,我们都是一期进来的,你也是了解我的,我不是那种八卦的人。但是你看我也辛苦了这几年,每年工资调整比例都不高,现在生活成本又这么高,我这生活质量明显在下降。你说我辛辛苦苦这几年,人家新来的对公司还什么贡献都没有,就拿那么高的薪水,我能平衡吗?"

"Kevin,你知道吗? 薪资的确认是根据岗位的重要性、市场稀缺性以及岗位上人的能力、知识、经验和业绩表现而定的。首先，你的工资在公司里属于经理级的工资范畴，不存在给少了的问题；其次，我不建议你和别人比较，因为你是做物流管理的，Carol是做精算的，你们的岗位本来就不一样，根本就不具备可比性；最后，你说你过去每年工资调整的比例不高，我承认确实不高，但你知道是什么原因吗？"

"我不知道。"

"我们每年的工资调整都是和绩效考核的结果紧密挂钩的。你过去几年的绩效考核都是 C，属于中等水平，自然你的调薪幅度也是中等水平了。"

"嗯，我知道了。可是你看我前几个月刚买了房子，本来还房贷的压力就很大了，我老婆又刚查出来怀孕了。她身体一直不是很好，怀孕以后每月支出又要增加很多检查费、营养费，我也准备再买部车。现在的工资哪够用啊？"

"啊，那先恭喜你快要当爸爸了……你的情况我非常理解，如果你想要加薪，现在最有效的方式就是尽快提升你的绩效，我建议你和总经理进行一个正式的业绩评估，再次明确大家对这个岗位的期望和要求，主要了解总经理希望你在工作中哪些地方需要提升，同时列出相应的行动计划，相信公司看到你的业绩表现，自然会考虑到薪酬的调整。

"好，我听你的！"

果然，过了半年后，总经理主动和我说，Kevin 的工资可以上调15%。我问原因，总经理说："你看，Kevin 这半年工作比以前积极主动了很多，而且他现在负责的物流系统再造项目不但如期完成，还给公司省下了很大一笔费用，新设计的流程大大节约了我们的物流成本，提升了工作效率，对公司贡献不小。所以，不但他的工资应该上调，还可以给他晋升一级！"

这是个真实的案例。你不难发现，公司的付薪是有原则的，首先千万不要拿自己和别人比，尤其是在公司内部比；如果一定要比，可以拿市场的职位薪酬数据进行比较；另外，最核心的还是要体现出自己对公司的贡献和价值！

Q4：我现在在一家小公司从事销售工作，我特别羡慕在大公司上班的人。你觉得是不是再去大公司对个人的职业发展会好一些？

答：职业发展的过程中，平台很重要，但是能力更重要！

记得有一次我和部门同事一起去参加北京人力资源协会的论坛，两天的会议，有很多主题演讲和嘉宾分享。回来做开会总结的时候，我们部门的小张说："第一天上午讲'绩效管理'的嘉宾刘总，讲得太好了！他的自信、魅力、独到的见解，敏锐的触觉都让人非常钦佩，真是非常厉害！"其实，在看嘉宾介绍的时候，这个小张还在想：这人是谁啊？他这是什么公司的啊？连名字都没听说过，居然还能来当嘉宾……结果到了后面，人家的演讲把小张"震"住了。可见这个人真的是很有实力！

另一个同事小赵也说："哎呀，之前宣传介绍的××五百强公司的人力资源副总裁George，看上去很厉害的样子，下午那场分论坛我就是冲着他去的，但是好失望。他真的说了半天也没说出什么东西来，表达又不清晰，人也没什么感染力！"

在这个故事中，你会注意到大家都习惯了首先去看平台，然后才去看个人。平台固然重要，这就好比站在不同的地方——海边、亭台、山顶上，你的视野、角度都会不同。George可能不善于在这样的场合分享经验，不过你看，即使小赵不认识他，但还是愿意去听他的分享，这就是平台的魅力。可能你的能力一般，但当你站到一个好的平台上，你也会被这个平台的光环所笼罩，身上有了光晕。

但更重要的还是个人的能力和努力。就像那位刘总，虽然他的平台我们并不熟悉，但是这丝毫不影响他的光芒！仔细想想，他何尝不是从初级员工一步一步走过来的，自信是在工作中慢慢建立起来的，见解是在无数的失败中总结出来的。我们可能只看到这些嘉宾人前的风光,却没看到他们煎熬和修炼的过程。所以,不要羡慕,要学习,把他们好的观点吸收过来,消化变成自己的想法。总有一天,你在会在舞台上闪闪发光。

当我们站在好的平台上时,不要盲目地狂妄自大,因为这平台不知道哪天就不能支撑自己了;如果我们只是站在普通的平台上,也不要妄自菲薄,因为谁也不知道明天你将创造出什么样的奇迹!

在这场职场发展的旅程中,没有人和自己比赛,我们的对手就是自己,要做的就是今天的自己比昨天的自己更优秀!

只有好朋友HR才会对你说的话

(1)融入新环境的秘诀：谦虚低调，少说多做。

(2)和比自己更优秀的人在一起，自己才能更优秀。

(3)性格决定命运，态度决定绩效。

(4)阳光的心态能让你活得更洒脱，工作更自如，发展更自在。

(5)世界上不存在完美的职场环境，人和人的差别在于：面对不完美的工作，有人能接受现实，创造条件，把工作做到接近完美，实现自己的职业目标；有人则自怨自艾，怨天尤人，结果一事无成。

(6)失败的人为自己找借口，成功的人为自己找方法。

(7)怀着感恩的心态，向身边的人学习，在实践中学习，我们会比别人成长得更快！

(8)把评估当成自己职业发展的有力工具，认清自我，获得反馈，表达诉求，寻求资源！

(9)有个好公司不如有个好老板。管理好你的老板，也能提升你自己的领导力！

(10)不要期望你的老板和你知道的一样多，他比你知道的多，那是自然的，不然人家怎么能做老板？他如果知道的没有你多，他还能当你老板，你更应该好好想一想了！

(11)成功是积累，是历练，是挑战自己。今天多辛苦一点，明天未必会更轻松；但是今天偷懒，明天一定会更辛苦！

后　记

　　每个工作日的早高峰,北京地铁的各条线路都挤满了在这个城市打拼的人,装载着无数人的梦想,满负荷地运转着,将四面八方的人送到国贸,中关村,上地……

　　这些像在沙丁鱼罐头里的人,一人拿一部手机,看着各类新闻笑话,"心灵鸡汤",招聘信息,还有各类铺天盖地来不及消化的信息。

　　上班之后,有的人从打扫办公室卫生开始,有的人从做操、跳舞、喊口号开始,有的从查邮件、电话会议开始……每个人都像一个陀螺,在不停地转,有的转八个小时,有的转更长时间。

　　行业协会里,大家异常兴奋地探讨着互联网思维对方方面面的影响,专家们口若悬河地分享着自己的经验,各类供应商抓紧会议间隙交换名片,寻找客户……

　　晚上7点,北京国贸桥下排队等乘坐公交车回燕郊的队伍绵延上百米,周围的写字楼却还灯火通明,一直持续到深夜。

　　当忙碌的一天结束时,电视新闻里放着专题片,讨论对今年大学毕业生就业形势的看法,讨论北京的房价是涨还是跌……

　　这就是我们每天的生活。

　　每个人都离不开工作,不管是为了生存,还是为了兴趣,抑或是为了证明我们的存在,证明我们是一个社会人!

　　我们渴望被别人接纳,被尊重,被认可。在外地漂泊的人更渴望稳定,不管是物质上的买房买车,还是过年回到老家,看到亲戚朋友听到自己的工作后露出那种羡慕眼神后的满足感。

　　我也是芸芸众生中的一员,重复着每天的工作,日复一日的生活,感叹

"时间都去哪儿了"。

我愿意把我工作经验中的精华总结出来,结合很多前辈老师教给我的,分享给更多像我当年一样的职场"菜鸟",让更多的人能在职业发展的路上走得更快、更稳。这是我写这本书的最朴素的愿望,也算是我为社会做了一点微薄的贡献吧!

总而言之,这本书讲述的是:职业发展由职业规划、求职实践和职业调整三个主要环节组成的,它是一个循环:开始于明确的职业目标,自我认知,通过实施制订求职计划,不断寻求机会,打通面试和录用两关,上到更高的平台,融入,调整,再验证自己的职业目标,周而复始,直到追寻到自己的职业梦想。

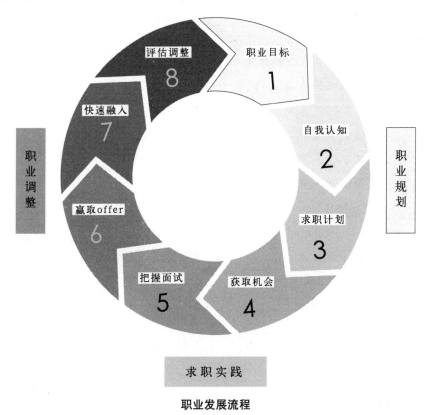

职业发展流程

祝愿每一个有缘能看到这本书的朋友都能有一个幸福、如意的职业生涯！

增值工具

1. 职业发展模型图

2. 金字塔目标设立法

3. "SMART" 原则

4. 职业目标列表

5. 乔哈瑞窗口

6. VCP 测试

7. 个人职业发展计划图

8. 5W2H

9. "一二三" 简历制作原则

10. 简历书写六个技巧

11. 求职信范本

12. 面试百宝箱

13. 求职信息准备清单

14. 面试常见问题

15. "STAR"

16. "钩子"和"桥梁"

17. offer 评估表

18. 情绪 ABC 理论

个人职业发展计划图

职业目标	职业能力要求	现状(自我认知)	差　距	行动方案